权威推荐

宠物狗驯养技术

何立宁　夏风竹　编著

本书向读者展示了养狗与驯狗的方方面面，
介绍了科学、权威的训练及饲养方法，帮您拥有一条健康快乐的狗狗，
与狗狗建立更加默契、更加愉悦的关系，共享美丽生活。

河北科学技术出版社

图书在版编目(CIP)数据

宠物狗驯养技术 / 何立宁，夏风竹编著. -- 石家庄
：河北科学技术出版社，2013.12(2023.1重印)
ISBN 978-7-5375-6547-9

Ⅰ.①宠… Ⅱ.①何… ②夏… Ⅲ.①犬-驯养
Ⅳ.①S829.2

中国版本图书馆 CIP 数据核字(2013)第 268950 号

宠物狗驯养技术

何立宁　夏风竹　编著

出版发行	河北科学技术出版社	
地　　址	石家庄市友谊北大街 330 号(邮编：050061)	
印　　刷	三河市南阳印刷有限公司	
开　　本	910×1280　1/32	
印　　张	7	
字　　数	140 千	
版　　次	2014 年 2 月第 1 版	
	2023 年 1 月第 2 次印刷	
定　　价	25.80 元	

Preface 　☞ 序

　　推进社会主义新农村建设，是统筹城乡发展、构建和谐社会的重要部署，是加强农业生产、繁荣农村经济、富裕农民的重大举措。

　　那么，如何推进社会主义新农村建设？科技兴农是关键。现阶段，随着市场经济的发展和党的各项惠农政策的实施，广大农民的科技意识进一步增强，农民学科技、用科技的积极性空前高涨，科技致富已经成为我国农村发展的一种必然趋势。

　　当前科技发展日新月异，各项技术发展均取得了一定成绩，但因为技术复杂，又缺少管理人才和资金的投入等因素，致使许多农民朋友未能很好地掌握利用各种资源和技术，针对这种现状，多名专家精心编写了这套系列图书，为农民朋友们提供科学、先进、全面、实用、简易的致富新技术，让他们一看就懂，一学就会。

　　本系列图书内容丰富、技术先进，着重介绍了种植、养殖、职业技能中的主要管理环节、关键性技术和经验方法。本系列图书贴近农业生产、贴近农村生活、贴近农民需要，全面、系统、分类阐述农业先进实用技术，是广大农民朋友脱贫致富的好帮手！

中国农业大学教授、农业规划科学研究所所长
设施农业研究中心主任

2013年11月

Foreword ☞ 前言

　　农业是国民经济的基础，是国家稳定的基石。党中央和国务院一贯重视农业的发展，把农业放在经济工作的首位。而发展农业生产，繁荣农村经济，必须依靠科技进步。为此，我们编写了这套系列图书，帮助农民发家致富，为科技兴农再做贡献。

　　本系列图书涵盖了种植业、养殖业、加工和服务业，门类齐全，技术方法先进，专业知识权威，既有种植、养殖新技术，又有致富新门路、职业技能训练等方方面面，科学性与实用性相结合，可操作性强，图文并茂，让农民朋友们轻轻松松地奔向致富路；同时培养造就有文化、懂技术、会经营的新型农民，增加农民收入，提升农民综合素质，推进社会主义新农村建设。

　　本系列图书的出版得到了中国农业产业经济发展协会高级顾问祁荣祥将军，中国农业大学教授、农业规划科学研究所所长、设施农业研究中心主任张天柱，中国农业大学动物科技学院教授、国家资深畜牧专家曹兵海，农业部课题专家组首席专家、内蒙古农业大学科技产业处处长张海明，山东农业大学林学院院长牟志美，中国农业大学副教授、团中央青农部农业专家张浩等有关领导、专家的热忱帮助，在此谨表谢意！

　　在本系列图书编写过程中，我们参考和引用了一些专家的文献资料，由于种种原因，未能与原作者取得联系，在此谨致深深的歉意。敬请原作者见到本书后及时与我们联系（联系邮箱：tengfeiwenhua@ sina. com），以便我们按国家有关规定支付稿酬并赠送样书。

　　由于我们水平所限，书中难免有不妥或错误之处，敬请读者朋友们指正！

编　者

CONTENTS

目 录

第一章 犬的种类

第二章 犬的饲养常识

第三章　犬的管理知识

第四章　犬的保洁与美容

第五章 犬的繁殖知识

第六章 犬的基本训练

第七章　犬的常见疾病与防治

第一章
犬的种类

第一节 玩具犬 >>>

西施犬

【历史】

传说，西施犬最早出现在 17 世纪中期，它是达赖喇嘛献给皇帝的拉萨狮子犬与北京犬杂交所生。慈禧太后死后，这种犬才被秘密

运往欧洲。西施犬性格温顺，个头小且非常聪明，容易驯顺。据说当时，此犬的繁殖由专门的太监负责，为了讨皇帝欢心，太监们竞相配育出这种可爱的小犬。1935 年，世界上第一个西施犬俱乐部在英国成立，后英国人将其引入斯堪的纳维亚国家和欧洲其他国家以及澳大利亚。二战期间，驻英美军回国时又引到了美国。美国养犬俱乐部对西施犬开始登记是在 1969 年。西施犬的依恋性和耐受性强，喜欢和人交往，它自信、聪明，喜欢儿童与动物，不仅适合养在都市，也能很好地适应农村生活。但需要每天为其梳理、修饰被毛，头上的长毛要注意

打理，喂食时则最好扎起来。若饲养管理良好，西施犬可以活 15 年以上。

【简介】

西施犬是一种活泼、警惕性高又结实的玩具犬，毛长而平滑，有两层被毛。它的祖先是中国具有高贵血统的一种宫廷宠物狗，所以西施犬总是高傲地昂着头，尾巴翻卷在背上，显得非常骄傲。虽然西施犬的大小有较大差异，但紧凑、结实、有适当的体重和骨量是必然的。

【体形】

西施犬比较理想的尺寸是肩高 9~10 英寸（1 英寸＝2.54 厘米），但不能低于 8 英寸或高于 11 英寸。成年犬理想的体重在 9~16 磅（1磅＝0.4536 千克）。自肩至尾根的长度应稍微大于肩高。西施犬不能长得太高，那样容易变成长脚狗；也不能长得太矮，像个矮脚鸡。不管什么尺寸，它都应该是紧凑、结实的且有适当的体重和骨量。

【头部】

西施犬的头部宽且圆，两眼之间比较开阔，和犬的全身比例相称，不太大也不太小，恰到好处。它表情丰富，性格热情、和蔼，眼睛大睁，给人友好且充满信任之感。犬的整体平衡和令人愉快的表情重要于其他部分，同时其实际素质非常重要，一般比赛中检查的

是犬实际的头部和表情，并不是通过后期美容所塑造的外观。

西施犬的眼睛大且圆，不外突，两只眼睛间的距离比较恰当，

视线笔直向前。它的眼睛颜色非常深。肝色和蓝色狗的眼睛颜色浅。有缺陷的表现为：眼小，距离近，浅色眼睛，眼白过多。

西施犬的耳朵大，耳根在头顶下稍微低一点的地方；被毛很浓密。其头部呈圆拱形，止部轮廓清晰。口吻短、宽、没有皱纹，上唇厚实，不能低于下眼角，也不能向下弯，比较理想的尺寸是从鼻尖到止部不超过 1 英寸，当然不同尺寸的犬情况稍有不同。口吻前端平；下唇和下颌不突出，也不后缩。有缺陷的表现为：没有明显的止部。

鼻孔张开、宽大。鼻镜、嘴唇、眼圈都应该为黑色。有缺陷的表现为：粉色的鼻子、嘴唇或眼圈。

西施犬的下颚突出式咬合，颌部宽阔，如果有缺齿和牙齿略不整齐都不算严重缺陷。嘴唇闭合时，不能见到牙齿和舌头。有缺陷的表现为：上颚突出式咬合。

【颈部、背线、身躯】

整体均衡是西施犬最重要的特点，全身没有特别夸张的地方。其颈与肩的结合非常流畅平滑；颈的长度足可以使头自然高昂并和肩高、身长相称。其背线平，身躯短而结实，没有明显的细腰或收腹，体长稍微大过肩高。有缺陷的表现为：腿长。

胸部深而宽，肋骨扩张良好，但不能出现桶状胸。其胸部的深度要刚好到肘部以下的位置，从肘部到马肩隆的长度应略大于从肘部到地面的距离。尾根位置比较高，有丰厚的饰毛，翻卷在背后。太松散、太紧、太平或尾根位置太低都属于有缺陷的，不符合这一品种的评判标准。

【前躯】

西施犬肩的角度非常好，平贴于躯干。腿直且骨骼良好，肌肉发达，分立于胸下，肘紧贴于躯干。腕部垂直而强壮。狼爪可以切除。脚结实，脚尖向前，脚垫发达。

【后躯】

后躯角度应该和前躯保持平衡。后腿的肌肉与骨骼都很发达。从后面观察，腿直，两腿不紧贴，但与前肢成一线，膝关节适当弯曲，飞节靠近地面、垂直。有缺陷的为：飞节长。

【被毛】

双层被毛，丰厚浓密，毛长而平滑，显得很华丽，允许有轻微波状起伏，头顶毛应用饰带扎起。有缺陷的表现为：毛量稀少，单层毛，卷毛。

为了便于运动和整洁，可以对脚、腹底和肛门部位的被毛进行修剪。缺陷：修剪过度。

【颜色】

颜色不限，允许有任何颜色，且不管什么颜色都一视同仁。

【步态】

西施犬的行走速度自然，路线直，既不飞奔，也不受拘束，步态流畅、平滑、不费力，具有较好的前躯导向和强大的后躯驱动力。其背线始终保持水平，且自然地昂着头，尾巴柔和地翻卷在背后。

【气质】

因为养西施犬的唯一目的是让其作为伴侣犬和家庭宠物，所以它的性情属于开朗、欢乐、多情的，对所有人都表现出友好与信任。

巴哥犬（八哥犬、哈巴狗）

【历史】

巴哥犬到底属于哪个系种？对此至今说法不一。有专家认为，它最早在苏格兰出现，传到亚洲以后又被荷兰商人自远东地区带回了西方；也有专家认为，巴哥犬属于东方犬种，是北京犬的短毛种和斗牛犬交配而成；另外还有人认为它是法国的一种叫波尔多犬的獒犬的小型类种，并且许多当地人在作品里画上巴哥犬当作装饰品。维多利亚时代，此犬的知名度达到顶峰。

【简介】

巴哥犬（或称哈巴狗）形象高雅且富有魅力，被正式命名为"巴哥"是在18世纪末，其词意古语为鬼、狮子鼻或小猴子。巴哥犬是可爱的小型犬种，不需要运动也无需经常整理被毛，但需要陪伴。它容貌上的皱纹较多，有一个明显特征是走起路来像拳击手。巴哥犬用像打呼噜的呼吸声以及像马一样抽鼻子的声音作为沟通方式。同时，此犬非常爱干净且具备优良的品性，也因为这些特色而广受喜爱。总体来看，外观呈正方形而且短胖，歪斜、长腿或腿太短的巴哥犬都不太受欢迎。

【体形】

小中见大是巴哥犬的明显特点，浓缩（也许可以这样形容），结构紧凑，有良好的比例，而且它口吻轮廓硬朗。比较理想的体重范围是14~18磅。

【头部】

巴哥犬的头部较大、粗重，不上拱，属苹果头，前额不后缩。眼睛非常大，颜色很深，突出而醒目，呈球状，眼神充满安详和渴望。巴哥犬非常漂亮，兴奋时充满热情。其耳朵薄、小且软。巴哥犬有两种耳形：玫瑰耳和纽扣耳，后者相对更理想。其面部皱纹深而大。口吻宽、短、钝，但不上翘，咬合是轻微的下颚突出式咬合。

【颈部、背线、身躯】

颈部粗壮，呈轻微的拱形，长度足可以使头部高傲地昂起。其背短，背线水平。身体短且胖，胸宽且肋骨扩张良好。尾巴尽可能卷在臀部以上部位，多重卷曲则更理想。

【前躯】

巴哥犬的腿长度适中，直且非常粗壮。从侧面看，其肘部是直接长在肩膀下面的。腕部结实，既不过分，也不向下。足爪既不像兔足那么长，也不像猫足那样圆，脚趾适当分开，趾甲呈黑色。狼爪通常被切除。

【后躯】

后躯粗壮有力，后膝关节角度适中，飞节与地面垂直。从后面看，其两条腿相互平行，后躯和前躯平衡。大腿和臀部肌肉发达而且丰满，足爪与前躯的足爪的标准相同。

【被毛】

被毛柔软、平滑、短而有光泽，比较美观，既不坚硬，也不像羊毛。颜色通常为银色、杏黄色或黑色，银色或杏黄色应该相对清

晰，跟其他颜色的斑纹及面部颜色形成强烈对比。

【斑纹】

巴哥犬的斑纹轮廓清楚。口吻或脸部、耳朵、耳朵边、拇指斑、前肢的菱形斑，包括背部的斑纹可能都是黑色的。其脸部颜色应该是黑色的。

【步态】

从前面看，前躯导向很好，脚腕非常有力，中间的脚趾向前，脚爪撑在地上呈方形。后躯动作轻松有力，后膝关节及飞节不向里或向外翻。前腿和后腿处在同一直线上，前后肢都自然地略显收敛。后躯轻微扭动，说明它轻松、愉快、自信。

【气质】

这是一个性情稳定的品种，显示出开朗、安定、高贵、富有魅力、友善和可爱的性情。

约克夏梗

【简介】

约克夏梗是一种玩具梗，被毛有蓝色和棕色，脸上有一部分被毛，从头到尾的被毛都柔顺地、直直地挂在身体两侧。身材紧凑、小巧而且比例匀称。约克夏梗的头高高昂起，透出自尊、自信和精力充沛。

【体形】

不超过7磅。

【头部】

头部小且顶部较平，头颅不能拱起或突起。牙齿结实，口吻不能太长，不能是下颚突出式咬合或上颚突出式咬合。钳式咬合或剪式咬合都可以接受。眼睛不突出，中等大小，颜色深且明亮，透出锐利而聪慧的目光。眼圈颜色比较深。鼻镜为黑色。直立耳，耳朵比较小，呈 V 字形，耳根位置不能太远。

【颈部、背线、身躯】

背相对较短，背线水平，肩膀的高度和其他部位相同，身体比例紧凑。断尾在总长度的 1/2 处，举在比后背略高的位置。

【腿和足爪】

前腿直，肘部既不能外翻也不能内翻。从后面看，后腿直；从侧面看，后膝关节的角度适当。足爪圆，黑色趾甲。一般若后腿有狼爪，则必须切除；若前腿有狼爪，可以切除。

【被毛】

被毛的毛量、质地非常重要。被毛精致、有光泽，像丝一般。身体上的被毛非常长且十分直（不能有任何波浪状）。若希望它外观整洁而且能行动自如，则可以将其被毛长度修剪到恰好垂到地面。可以将头顶的毛发梳到中间结起来，也可以从中间分开，向两边梳，并结成两个髻。口吻上的毛发比较长，足爪上和耳朵上的毛发可以稍微剪短，使外观整洁、行动更方便。

【颜色】

幼犬刚出生时一般为黑色和棕色，颜色比较深，成年之前，其颜色都是棕色中夹杂有黑色毛发。成年犬的身体颜色，很重要的一点是在头部和腿部有大量的棕色。下列颜色也是必需的：蓝色，相对较深的钢蓝色，但不能有银蓝色，更不能混有黑色或青铜色毛发。

棕色，正常情况下，所有的棕色毛发均为根部颜色较深、毛尖颜色相对浅一些，棕色中不能混有黑色或烟灰色毛发。自颈部后面至尾根处都是蓝色的，尾巴是深蓝色，尤其是尾尖。在前腿的肘部以下和后腿的膝部以下的毛发大部分为较明亮的棕色。

丝毛梗

【简介】

丝毛梗是真正的"玩具梗"。它比较矮小，体长微大于身高，骨骼结构纤巧，但有足够的骨量，能轻松完成在家里猎捕老鼠的任务。其被毛如丝一样，从止部到尾都需要整饰，但不可过度雕琢。它有快乐的生活态度和好奇的天性，所以是比较理想的伴侣犬。

【体形】

肩高 9~10 英寸，有任何偏差都不符合评判规定。犬的体长大约比肩高长 1/5。骨量较小，骨骼健壮，但更重要的是精巧。

【头部】

头部强壮，长度中等，呈楔状。眼睛较小，颜色深，为杏仁状，眼圈颜色也相对较深，表情很酷。浅色眼睛则是比较严重的缺陷。耳朵小，呈 V 形，直立耳，耳朵位置较高，不可以有任何歪斜现象。头颅比较平坦，两眼间距离不是很宽，头颅相对口吻略长，止部比较浅，鼻镜为黑色，牙齿整齐，剪状咬合。下颚突出式咬合或上颚突出式咬合都是比较严重的缺陷。

【颈部、背线、身躯】

肩部和颈部优雅地结合，长度适中，与脑袋有一些角度，很漂亮。背线水平，若不平则属于严重缺陷。胸部宽度中等，深度和肘齐平。身体位置相对比较低，体长比肩高长约 1/5，身体不管太短还是太长都是缺陷。

【前肢】

肩的角度比较适中，平贴在上肢的上方。前肢笔直、结实、骨骼纤巧，足爪小、圆、紧凑，猫足。脚垫厚实且具弹性，趾甲坚硬且颜色较深。若为白色或肉色的趾甲则属于缺陷。足爪笔直向前，没有内翻或外翻状况。若有狼爪，则必须切除。

【后肢】

大腿肌肉发达、结实，轮廓并不显得太重。后膝关节有恰当角度，飞节较低，从后面看，两腿平行。足爪和前肢的足爪的标准一样。

【被毛】

单层毛直且有光泽，如丝一般。成年犬的被毛沿着身体轮廓下垂，但长度不能靠近地面。头顶的毛发较多，形成头饰，但如果脸和耳朵部位的毛发太长则不太受欢迎。头上、后背到尾根的毛发需要向两边分开。尾巴上的毛发刚刚好，只是没有饰毛。腿部从飞节到足爪部分或从脚腕到足爪长有短毛。足爪不该被腿上的毛发遮掩。

【颜色】

蓝色和棕色。蓝色可以为鸽子蓝、银蓝或石板蓝，棕色相对丰富且颜色较深。蓝色从头部延伸到尾巴尖，前腿部分向下延伸到肘部，后腿部分为大腿外侧的上面一半。尾巴的蓝色比较深。棕色一般出现在面颊和口吻、耳根、腿、足爪和肛门周围。头饰应该是银色或较其他棕色地方亮的杏黄色。

【步态】

应该是活泼、轻松、步伐轻快且笔直向前的。后躯驱动力较强，如果足尖向外或向内翻则属于缺陷。

【气质】

梗类犬具有特殊的警惕性，若过度神经质或胆怯都属于缺陷。其态度应该是友好、敏感、反应快。

贵宾犬

【简介】

贵宾犬又称"贵妇犬"，属于非常聪明且喜欢狩猎的犬种，据猜测该犬种起源于德国，在那儿它以水中捕猎犬而著称。但多年来，贵宾犬始终被认为是法国的国犬，按照其体形大小不同，贵宾犬分为标准型、迷你型、玩具型三种。

【外观标准】

不管是迷你型、玩具型还是标准型的贵宾犬，除了高度，其各项指标的标准都一样。贵宾犬是很机警、活跃且行动优雅的犬种，它拥有较好的身体比例与矫健灵敏的动作，显示出一种自信的姿态。经过仔细梳理和传统方式的修剪以后，贵宾犬将显示出与生俱来的独特而又高贵的气质。

【尺寸、比例、体形】

标准型贵宾犬：肩高超过 15 英寸。任何一种标准型贵宾犬，如果肩高等于或小于 15 英寸都会从竞赛中淘汰。

迷你型贵宾犬：肩高等于或小于 15 英寸，高于 10 英寸。任何一种迷你型贵宾犬，若肩高超过 15 英寸或等于小于 10 英寸则都会从竞赛中淘汰。

玩具型贵宾犬：肩高等于或小于 10 英寸。如果任何一种玩具型贵宾犬的肩高超过 10 英寸，则都会从竞赛中淘汰。

区分玩具型贵宾犬和迷你型贵宾犬的唯一标准就是体形大小。

体态匀称、令人满意的外形比例应该是：从胸骨到尾部的点的长度近似于肩部最高点到地面的高度。前腿及后腿的骨骼和肌肉都应符合犬的全身比例。

【头部】

眼睛：非常黑，形状为椭圆形，眼神机灵，眼部下方稍凹陷，成为聪慧表情的重点。主要缺陷表现为：眼睛圆、突出、大或太浅。耳朵：下垂的耳朵紧贴头部，耳根位置在眼睛的水平线上或者低于眼睛的水平线，耳郭很长、很宽，表面上有浓密的毛覆盖。但是，耳朵不能过分长。头部：小而圆，有轻微突出。鼻梁、颊骨和肌肉平滑，从枕骨到鼻梁的长度等于口鼻的长度。口鼻：长、直且纤细，唇部不下垂。下颚：大小适中，轮廓明显，不尖细。主要缺陷：下颚不明显。牙齿：白且坚固，呈剪状咬合。主要缺陷：下颚突出或上颚突出，齿型不整齐。

【颈部、背线、身躯】

脖子比例匀称、结实、修长，足以支撑头部，显出其高贵的品质。咽喉部的皮毛很软，脖子的毛很浓。由平滑的肌肉连接头部与肩部。主要缺陷：母羊脖子。背线是水平的，从肩胛骨的最高点到

13

尾巴的根部既不倾斜也不呈拱形，只有在肩后有一个微小的凹下。

胸部宽阔舒展。富有弹性的肋骨。

腰短而宽，结实、健壮、肌肉匀称。

尾巴直，位置高并且向上翘。截尾后的长度足够支持整体的平衡。主要缺陷：位置低，卷曲，翘得过于靠后。

【前半身】

贵宾犬的前半身很强壮，肩部的肌肉平滑、结实。肩胛骨闭合完全，长度近似于前腿上部。主要缺陷：肩部不平、突出。

前肢直，从正面看是平行的。从侧面看，前肢位于肩的正下方。脚踝结实，狼趾可以剪掉。

【足】

足较小，形状呈卵状，脚趾呈狐趾状排列。脚上的肉垫厚、结实。脚趾较短，但可见。脚的方向既不朝里也不朝外。

主要缺陷：软、脚趾分开。

【后半身】

后肢直，从后面看是平行的。肌肉宽厚。后膝关节健壮、结实，曲度合适；股骨和胫骨长度相当；跗关节到脚跟距离较短，且垂直于地面。站立时，后脚趾略超出尾部。

主要缺陷：母牛式跗关节。

【皮毛】

粗毛：自然的粗糙的质地，皮毛非常浓密。软毛：紧凑、平滑垂下、长度不一。胸部、身体、头部和耳朵的皮毛比较长。关节部位的毛发相对短而蓬松。

【修剪】

不满12个月的贵宾犬常被修饰成"幼犬型"。在通常的分类标准里，满12个月或大于12个月的犬必须修剪成"英格兰鞍型"或

"欧陆型"。种犬和参加非竞争性展示的犬可被修剪成"猎犬型"。被修饰成其他任何型的贵宾犬都会被淘汰出竞赛。

幼犬型：不足 1 岁的贵宾犬可能被修剪为留有长毛的幼犬型。这种形态的犬要修剪面部、喉部、脚部和尾巴下部的毛。修剪后的整个脚部清晰可见，尾部被修饰成绒球状。为了使其外形整洁、优雅，保证其流畅的视觉效果，允许适当修饰全身的皮毛。

英格兰鞍型：英格兰鞍型犬的面部、喉部、前肢和尾巴底部的毛需要修剪。修剪后，前肢的关节处留有一些毛，尾巴的末梢被修剪成绒球状。后半身除了身体两侧和两条后腿上各留出两片弧形的修饰过的皮毛，其余部分全部剪短，修剪后可露出整个脚部，前肢关节以上的部分也清晰可见。其他部分的皮毛可以不用修剪，但为了保证贵宾犬整体的平衡，可以适当修整。

欧陆型：修剪面部、喉部、脚和尾巴底部。犬的后半身在臀部被修剪成绒球状，其余剪净。修剪后，整个脚部和前腿关节处以上的部位都露了出来。身体其他部分的皮毛可以不用修剪，但为保持整体的平衡，可以适当修整。

猎犬型：在猎犬型贵宾犬的修剪中，面部、脚部、喉部和尾巴底部得到修剪，只留下一团剪齿状的帽型皮毛，尾巴底部也被修饰成绒球状。为了使整个身体轮廓清晰流畅，躯干的其他部分包括四肢的毛应不超过 1 英寸，四肢的毛可以比躯干的毛略长。

在所有部位的修剪中，头部的毛发可以留成自然状或用橡皮筋扎起来。只有头部的毛发长度适当时，犬才能显出流畅完美的外观。"头饰"仅指头骨，即鼻梁至枕骨这部分的毛发，只有在这个部位，橡皮筋才有用武之地。

【颜色】

毛色均匀一致。贵宾犬有青灰色、灰色、银白色、褐色、咖啡色、杏色和奶油色，同一种颜色也会有不同的深浅，通常是耳朵和颈部的毛色深一些。通体同色为上品，但毛色中自然的深浅变化也不视为缺陷。褐色和咖啡色的贵宾犬通常有着肝褐色的鼻子、眼眶、嘴唇，深色的脚趾甲和深琥珀色的眼睛。而黑色、青灰色、灰色、银白色、奶油色和白色的贵宾犬通常有黑色的鼻子、眼眶和嘴唇，黑色或本色的脚趾甲和深色的眼睛。而杏色的犬拥有上述的这些颜色也还不错，如果是肝褐色的鼻子、眼眶、嘴唇和琥珀色的眼睛也可以，但已不是上品。

主要缺陷：鼻子、嘴唇和眼眶颜色不一致；或这些部分的颜色与犬全身颜色不协调。

【步态】

向前小跑时，步伐轻快有力，主要依靠后肢发力。头部高昂，尾巴上翘。步态的稳健有力是此项评判标准的关键。

【性情】

姿态高傲，非常灵敏、聪慧、自信。贵宾犬拥有非凡的气质和独特的尊严。

主要缺陷：害羞或是凶猛。

【淘汰标准】

尺寸：不足或超出规定标准。

修剪：任何不符合上述修剪标准的将被淘汰出竞赛。

杂色：全身毛色并非均匀、一致，而是由两种或两种以上的颜色组成。杂色的犬通常都会被淘汰出竞赛。

博美犬

【简介】

博美犬是一种身躯紧凑、短背、活跃的玩具犬。它拥有柔软、浓密的底毛和粗硬的披毛。尾根位置很高，长有浓密饰毛的尾巴平放在背上。它具有警惕的性格、聪明的表情、轻快的举止和好奇的天性。博美的步态骄傲、庄重而且活泼。

【体形】

博美犬的体重范围是 3~7 磅，比赛级博美犬的理想体重是 4~6 磅。任何达不到这一体重或超过这一体重的狗都属于不受欢迎的。无论如何，整体素质要比大小更重要。体长（从肩到臀的长度）要略小于肩高，从胸到地面的距离等于肩高的一半。骨量中等，腿的长度与身体结构保持平衡。触摸时，应该感觉它很结实。

【头部】

头部与身体相称，口吻短、直、精致，能自由张嘴却不显得粗鲁。表情警惕，可以说有点像狐狸。头骨密合，头盖骨略圆，但不能呈拱形。当从前面或侧面看时，能看见位置很高而且竖立的小耳朵。如果想象有一条线从鼻尖出发穿过两眼中间和耳朵尖，你能发现博美犬的头部是呈楔状的。眼睛颜色深、明亮、中等大小而且呈杏仁状，它们位于头骨上显著的止部两侧。博美犬的鼻镜、眼圈呈黑色、棕色、河狸色和蓝色博美犬的鼻镜、眼圈的颜色则与其自身

毛色相配。剪状咬合。缺齿一颗是可以接受的。主要缺陷：太圆，呈拱形的头骨；上颚突出；下颚突出。

【颈部、背线、身躯】

颈部短，其与肩结合的位置正好能使头高高昂起。背短，背线水平。身躯紧凑，肋骨扩张良好，胸深与肘部齐平。羽毛状尾巴是这一品种的特征之一，直直地平放在背后。

【前躯】

博美犬的肩膀足够靠后，使颈部和头能高高昂起。肩膀和腿的肌肉适度发达。肩胛的长度与上臂相等。前腿直而且相互平行。从肘部到马肩隆的长度与从肘部到地面的长度大致相等。腕部直而且结实。足爪呈拱形，紧凑，既不向内也不向外翻。趾甲前伸。可以切除狼爪。主要缺陷：脚腕低。

【后躯】

后腿和臀部与后躯成恰当的角度。臀部在尾巴下面恰当的位置。大腿肌肉适度发达，后膝关节适度倾斜，形成清晰的轮廓。飞节与地面垂直，腿骨直，而且两条后腿相互平行。足爪呈拱形，紧凑，既不向内也不向外翻。趾甲前伸。如果后腿有狼爪，可以切除。主要缺陷：牛肢后腿或后膝关节缺乏稳定的支撑结构。

【被毛】

博美犬具有双层被毛，底毛柔软而浓密。披毛长、直、光亮而且质地粗硬。厚厚的底毛支撑起外层披毛，使其能竖立在身体上。脖子、肩膀前面和前胸的被毛浓密，在肩和胸前形成装饰。头部和腿部的被毛比身体其他部分的被毛短，紧贴身体。前肢的饰毛延伸到脚腕，尾巴上布满长、粗硬、散开且直的被毛。为了使轮廓清晰整洁而做的修剪是允许的。主要缺陷：被毛软、平、稀。

【颜色】

所有的颜色、斑纹、变化都可以接受，并一视同仁。斑纹：褐色和棕色。清晰的棕色或铁锈色斑纹位于眼睛上面、口吻、喉部和前胸、腿、爪子及尾巴后面。棕色多一些比较理想。斑点：基本颜色是金色、红色或橘色斑点，上面布满黑色十字斑纹。颜色搭配：白色加其他颜色斑纹，头部有白筋比较理想。分类：在专业比赛中，把颜色分为几类。红色类包括红色、橘色、奶油色和紫貂色；黑色类包括黑色、褐色和蓝色；其他颜色类包括除以上两类的其他任何颜色和图案或变化。

【步态】

博美犬的步态流畅、轻松、和谐而且活泼。具有良好的前躯导向和有力的后躯驱动。每一侧的后腿都与前腿在同一直线上移动。腿略向身体中心线聚拢，以达到平衡。前腿和后腿既不向内也不向外翻，背线保持水平而且整体轮廓保持平衡。

【气质】

博美犬是一种性格外向、非常聪明而且活泼的狗，其可以成为非常优秀的伴侣犬，同时也是很有竞争力的比赛犬。

北京犬

【简介】

北京犬是一种平衡性良好、结构紧凑的狗，前躯重而后躯轻。它起源于中国，有个性，表现欲强。其形象酷似狮子。它代表的勇气、大胆、自尊更胜于漂亮、优雅或精致。

【体形】

北京犬有着惊人的重量。它身材矮胖，肌肉发达。它沉重的分

量与前躯骨量有密切关系。体重不超过 14 磅，这一点不能忽略。缺陷：体重超过 14 磅。比例：体长（从胸骨到臀部的直线距离）略大于肩高。整体平衡极其重要。

【头部】

头颅：头顶骨骼粗大、宽阔且平（不能是拱形的）。头顶高，面颊骨骼宽阔，宽而低的下颚和宽宽的下巴组成了其正确的面部结构。从正面观察，头部宽大于深，造成了头面部的矩形形状。从侧面看，北京犬的脸必须是平的。下巴、鼻镜和额部处于同一平面。当头部处于正常位置时，这一平面应该是与地面垂直的，但实际上是从下巴到额头略向后倾斜。鼻子：黑色、宽，而且从侧面看非常短。形成非常平的脸。鼻孔张开。鼻子位于两眼中间，鼻子上端正好处于两眼间连线的中间位置。眼睛：非常大、非常黑、非常圆、有光泽而且分得很开。眼圈颜色黑，而且当狗向前直视时，看不见眼白。皱纹：非常有效地区分了脸的上半部分和下半部分。外观是从皮肤皱褶开始到面颊有毛发覆盖，中间经过一个倒 V 形延伸到另一侧面颊。皱纹既不过分突出以至于挤满整个脸，也不会太大以至于遮住鼻子和眼睛而影响视线。止部：深。看起来鼻梁和鼻子的皱纹完全被毛发遮蔽。口吻：非常短且宽，配合了高而宽的颧骨。皮肤是黑色的。胡须具有东方式的面貌特点。下颚略向前突。嘴唇平，而且当嘴巴闭合时，看不见牙齿和舌头。过度发达的下巴和不够发达的下巴一样不受欢迎。耳朵：心形耳，位于头部两侧。正确的耳朵位置加上非常浓密的毛发造成了头部更宽的假象。任何颜色的北京犬的鼻镜、嘴唇、眼圈都是黑色的。

【颈部、背线、身躯】

颈部非常短、粗，与肩结合。身体呈梨形，且紧凑。前躯重，肋骨扩张良好。胸宽，突出很小或没有突出的胸骨。腰部细而轻，十分特殊。背线平。尾根位置高，翻卷在后背中间。长、丰厚而直的饰毛垂在一边。

【前躯】

前肢短、粗且骨骼粗壮。肘部到脚腕之间的骨骼略弯。肩的角度良好，平贴于躯干。肘部总是贴近身体。前足爪大、平而且略向外翻。必须能好好地站立。

【后躯】

骨骼比前躯轻。后膝和飞节角度柔和。从后面观察，后腿适当靠近、平行，脚尖向前。评判标准要求前躯和后躯都很健康。

【被毛】

身躯被毛：被毛长、直、竖立着，而且有丰厚柔软的底毛盖满身体，脖子和肩部周围有显著的鬃毛，比身体其他部分的被毛稍短。长而丰厚的被毛比较理想，但不能影响身体的轮廓外观，也不能忽略正确的被毛结构。饰毛：在前腿和大腿后边，耳朵、尾巴、脚趾上有长长的饰毛。脚趾上的饰毛要留着，但不能影响行动。

【颜色】

允许所有的颜色，所有颜色一视同仁。

【步态】

步态从容高贵，肩部后略显扭动。由于有弯曲的前肢，宽而重的前躯，轻、直和平行的后肢，所以会以细腰为支点扭动。扭动的步态流畅、轻松，而且可能像弹跳、欢蹦乱跳一样自由。

【气质】

综合了帝王的威严、自尊、自信、顽固而易怒的天性，但对获得其尊重的人则显得可爱、友善而充满感情。拥有上述特点的北京犬是该犬种的完美典型。

第二节 工作犬 >>>

藏獒

【外观】

藏獒体形巨大，身体长度稍长于高度，强壮有力，骨骼肌肉发育良好。威严肃穆，表情冷静。头面宽阔，头骨宽大。眼炯炯有神，呈杏仁状，稍斜。肌肉宽大且伸展，形成一种立体感。它的尾巴很有特色，尾巴与背部齐平并自然卷起附于背部，而下垂时会覆盖生殖器；与头部保持平衡。被毛和鬣毛很厚，尤其是颈部的鬣毛像一条厚围巾缠在颈部。

藏獒的典型特色是警觉性高，主要用于家庭和财产的守卫，对陌生人有强烈的敌意和杀伤力，绝对忠诚地保护它的主人和财产。

【大小、比例、特质】

大小：公犬正常的肩高最低 26 英寸，母犬正常的肩高最低 24 英寸。公犬和母犬再矮也不得低于上述最低高度 1 英寸。

比例：身长稍长于高度，如高比长，从胸骨到坐骨，应稍大于肩胛到地面的距离。

特质：藏獒有给人深刻印象的特质。骨骼和身体都很健壮。比其他同等大小和比例的犬都要优秀，不仅仅在高度上，就连其他特质上，藏獒都是极优秀的犬。

【头部】

头面宽阔，头骨宽大，成狗有皱褶，从眼睛上端一直延伸到嘴角，对本犬种来说正确的头部特征和脸像对它的繁殖是非常重要的。表情：尊贵、机智、警觉、孤傲。眼睛：中等大小，眼睛深邃，自然分开呈杏仁状，稍斜，黑中闪着亮光，非常有神。耳朵：中等大小，V字形，自然下垂，紧贴面部靠前，警觉时自然提起，耳部覆盖着短且柔软的绒毛。面部：头面宽阔，头骨宽大，鼻梁坚挺。额段：深且明显。脸部肌肉：宽且大，从各种角度来看都非常充实和立体。比例：从枕骨到头段和头段到鼻尖的距离基本相等。鼻

子：宽且大，鼻内侧外翻。嘴唇：突出，厚实，上唇两侧适度下垂。咬合：呈剪刀式咬合，水平咬合也可以接受。牙齿：长，健壮，牙齿的紧密是必需的，如此才能保持肌肉的平整。后天遭破损的牙齿不视为缺点。缺陷：缺齿，上颚或下颚突出，或下前牙突出。

【颈部、背线、身躯】

颈：颈部肌肉丰满，呈拱形。头部下方有垂皮。特别是公犬，头部围绕着厚厚的直立的鬃毛。

背：背线直，脊背到尾骨是水平的。

躯干：粗壮，背部挺直宽阔，肌肉发达，柔韧性好，整体有稍微下蹲的感觉。胸深，并低于上肘部，躯干长度略大于高度。尾巴：

中等长度，长度不能超过踝关节，和背部呈一条直线，自然卷起。当警觉时，尾巴翘起，或朝向任何一边。尾巴双卷，或完全卷起而不能自然放松的是尾巴的缺陷。

【前躯】

肩：双肩平顺，骨干的肌肉发达。前腿：直立，骨骼肌肉粗大，覆有短的粗毛。直立时会有轻微的倾斜。前足：猫足，相当大，健壮结实，趾与趾之间有毛。趾甲可能是黑色或白色的。单个的悬趾可能出现在前足。

【后躯】

强壮有力，肌肉发达，所有部分都有棱角。从后面看，后腿和膝盖是平行的。跗关节强壮，自然下垂（大约是腿长的1/3）与足垂直。

足：一个或是两个的悬趾（狼爪）可能会出现在后足上，可选择切除。

【被毛】

总的来说，公犬的皮毛看起来比母犬厚。被毛的质量比数量更重要，双层的被毛相当浓密，丰厚的颈部鬃毛及原来柔软的内层绒毛将会在夏天变得稀疏。毛发浓密直立，丰厚的下层皮毛显得特别粗犷。颈部和肩部有更长更粗的毛，特别是显示在公犬身上。对藏獒的外貌应当顺其自然，无谓的修饰是不被接受的。当然，悬趾的切除又另当别论。

【颜色】

各种颜色的藏獒都可能有或没有棕色或金黄色的饰斑，而饰斑的颜色深浅不一。足部有白毛出现是可以接受的。饰斑可能在下列部位出现：眼睛上方的圆点（或可能围绕在眼周围），脸的内侧，咽喉，前腿下部分和前腿内侧的延伸部分，后腿的内侧，后腿膝关节的前方和腿前宽阔的地方，后跗关节到脚趾，臀部和尾巴的下端。臀部和尾巴下端的毛可能比其他部位的颜色稍浅。内层绒毛在黑色或棕色的公犬身上可能是棕色或灰色，如果黑色、褐色、白色出现在身体的其他部位，或是身上出现大块的白斑，视为缺点。另外，除上述颜色以外的其他颜色，也可以接受，但也视为缺点。

【步态】

藏獒的步伐是轻盈而有弹性的，自然而有力。从侧面看开始和停止都出现最有力、最伸展的动态，而运动时发出的声音和有力感比速度更加重要。

【习性】

藏獒非常机敏、独立，自主意识和领域意识强。远离陌生人，对自己的领域和财产进行严密的保护。在展示会上会显得比较温柔，但是作为一种护卫犬种，任何胆怯的表现都不被接受，而且是一种严重的缺陷。

萨摩耶犬

【简介】

萨摩耶犬，又叫萨摩犬、萨摩，原本是一种工作犬，常出现在美丽的图画中，机警、有力、活泼、高贵而文雅。由于萨摩耶犬是寒冷地区的工作犬，所以它拥有非常浓厚的、能适应各种气候条件的被毛。良好的修饰、非常好的毛发质地比毛发数量更重要，雄性的"围脖"比雌性更浓厚一些。它的后背不能太长，软弱的后背会使它无法胜任其正常的工作，失去工作犬的价值；但太紧凑的身体对一种拖曳犬来说，也非常不利。繁殖者应该采取折中方案：身体不长但肌肉发达，允许例外；胸部非常深，且肋骨扩张良好；颈部

结实；前躯直而腰部非常结实。雄性外貌显得雄壮，而没有不必要的攻击性；雌性的外貌或构造显得娇柔但气质上不显得软弱。雌性的后背也许比雄性略长一些。它们的外观都显得具有极大的耐力，但不显粗糙。由于胸很深，所以腿部要有足够的长度，一条腿很短的狗是非常不受欢迎的。后臀显得非常发达，后膝关节适度倾斜，而后膝关节存在任何问题或牛肢都是不符合评判标准的。

整体外观还包括了动作和整体结构，应该显得平衡和谐，体质非常好。

【体质】

具有充足的骨量和肌肉，对于这样尺寸的狗，骨骼要比较粗重，但也不能太过分，那样就影响了灵活性和速度，这在萨摩耶犬的构造中非常重要，骨骼与身体比例恰当。萨摩耶犬的骨量不能太大而显得笨拙，骨量也不能太小，看起来像赛跑犬。体重与高度比例恰当。

【高度】

雄性：21~23.5英寸；雌性：19~21英寸。任何太大或太小的萨摩耶犬都要按照背离的程度进行扣分。

【被毛】

萨摩耶犬拥有双层被毛，身体上覆盖一层短、浓密、柔软、絮

状、紧贴皮肤的底毛，披毛是透过底毛的较粗较长的毛发，直立在身体表面，绝不能卷曲。披毛围绕颈部和肩部形成"围脖"（雄性比雌性要多一些）。毛发的质量关系到能否抵御各种气候，所以质量比数量要重要。下垂的被毛是不受欢迎的。被毛应该闪烁着银光。雌性的被毛通常没有大多数雄性那么长，而且质地要软一些。

【颜色】

萨摩耶犬的颜色为纯白色；白色带很浅的浅棕色、奶酪色；整体为浅棕色。其他颜色都属于失格。

【步态】

萨摩耶犬的步态为小跑，不是踱步。它的动作轻快、灵活，步伐有节奏。步态舒展、平稳、有力，前躯伸展充分，后躯驱动有力。小跑时，后体驱动力非常强大。缓慢行进或小跑时，足迹不重叠，当速度增加时，脚垫向内收缩，最后，足迹落在身体中心线下，后肢足迹落在前肢的足迹上，后肢向前滑动。膝关节既不向内弯，也不向外翻。后背保持坚实、水平。起伏不定的、呆板不自然的步态属于缺陷。

【后肢】

第一节大腿非常发达，后膝关节角度恰当（约与地面成45°角）。飞节非常发达、清晰，位置在身高的30%。在自然站立的姿势下，从后面观察，后腿彼此平行；后腿结实，非常发达，既不向内弯，也不向外翻。后膝关节太直属于缺陷。双倍接缝或牛肢也都属于缺陷。只有在有机会看到狗充分运动的情况下才能确定其是否有

牛肢。

【前肢】

前肢（脚腕以上）直、彼此平行；脚腕结实、坚固、直，但相当柔韧，配合具有弹性的足爪。由于胸部较深，所以前肢要有足够的长度，从地面到肘部的距离约占肩高的55%，一条腿很短的狗是非常不受欢迎的。肩胛长而倾斜，约向后倾斜45°，且位置稳固。肩胛或肘部向外翻属于缺陷。马肩隆分开1~1.5英寸。

【足爪】

足爪长、大、有点平（像兔足），脚趾略微展开，但不能张得太开；脚趾圆拱；脚垫厚实、坚硬，脚趾间有保护性毛发。自然站立的姿态下，足爪既不向内弯也不向外翻，但是略略向内弯一点会更有吸引力。脚趾外翻、鸽子脚、圆形足爪（猫足）都属于缺陷。足爪上的羽状饰毛不是重点，但一般雌性饰毛比雄性要丰富一些。

【头部】

脑袋呈楔形，宽，头顶略凸，但不圆拱或像苹果头，两耳与止部中心点呈等边三角形。口吻：中等长度、中等宽度，既不粗糙，也不过长，向鼻镜方向略呈锥形，与整体大小及脑袋的宽度成正确的比例。口吻必须深，胡须不必去除。止部：不生硬，但很清晰。嘴唇：黑色，嘴角略向上翘，形成具有特色的"萨摩耶式微笑"。唇线不显得粗糙，也没有过度下垂的上唇。

耳朵结实而厚、直立；三角形且尖端略圆；不能太大或太尖，也不能太小（像熊耳朵）。耳朵的大小根据头部的尺寸和整体大小确定。它们之间距离分得比较开，靠近头部外缘，它们应该显得灵活；被许多毛发覆盖着，毛发丰满，但耳朵前面没有。耳朵的长度应该与耳根内侧到外眼角的距离一致。

眼睛颜色深一些比较好，位置分得较开，且深；杏仁状；下眼脸指向耳根。深色眼圈比较理想。圆眼睛或突出的眼睛属于缺陷；蓝眼睛属于失格。

鼻镜黑色最理想，但棕色、肝色、炭灰色也可以接受。有时，鼻镜的颜色会随着年龄、气候的变化而改变。牙齿结实、整齐，剪状咬合。上颚突出式咬合或下颚突出式咬合属于缺陷。

表情为"萨摩表情"，这一点非常重要，主要指在萨摩耶犬警惕时或决心干点什么的时候，其闪亮的眼神和脸上洋溢的热情。其表情由眼睛、耳朵和嘴的样子构成，警惕时，耳朵直立、嘴略向嘴角弯曲，形成"萨摩式微笑"。

【躯干】

颈部结实，肌肉发达，身体骄傲地昂起。立正时，在倾斜的肩上支撑着高贵的头部。颈部与肩结合，形成优美的拱形。

胸深，肋骨从脊柱向外扩张，到两侧变平，不影响肩部动作且前肢能自由运动。不能是桶状胸。理想的深度应该到肘部，最深的部分应该在前肢后方，约第九条肋骨的位置。胸腔内的心脏和肺能得到身体的保护，胸的深度大于宽度。

马肩隆为背部最高点，腰部结实而略拱。后背（从马肩隆到腰）直，中等长度。其身体的比例接近正方形，长度比高度约多出5%。雌性可能比雄性更长一些。腹部肌肉紧绷，形状良好，与后胸连成优美的曲线（收腹）。臀部略斜，丰满，必须延伸到非常不显眼的尾根。

【尾巴】

尾巴长度适中，如果尾巴下垂，尾骨的长度应该能延伸到飞节。尾巴上覆盖着长长的毛发，警惕时会卷到后背上，或卷向一侧；当休息时，有时尾巴会放下。位置不能太高或太低，应该灵活、松弛。不能紧卷在背后，卷两圈属于缺陷。裁判在评判参加比赛的萨摩耶

犬时，必须看到萨摩耶犬将尾巴卷到后背一次。

【气质】

聪明、文雅、忠诚、适应性强、警惕、活跃、热衷于服务、友善但保守。不能迟疑或羞怯，不过分好斗，过分好斗是应受到严厉处罚的。

标准雪纳瑞

【简介】

标准雪纳瑞是一种精力充沛、体格魁梧的狗，发达的肌肉和充足的骨量构成了它坚强的体格；它的身高与体长的比例呈正方形。

被毛浓密、粗硬且粗糙不平是这一品种非常重要的特点，它还长有弯弯的眉毛和刚毛胡须。缺陷：任何背离上述标准（精力充沛、活泼、正方形比例、刚毛）的现象都属于缺陷。在比赛中，将根据背离上述标准的程度进行扣分。

【体形】

理想的身高是公狗肩高 18.5 ~ 19.5 英寸，母狗肩高 17.5 ~ 18.5 英寸。任何背离这一范围的现象都属于缺陷，如果肩高超出或不到这一范围，而且超过 1 英寸，就被视为失格。肩高与体长相等。

【头部】

头部结实、呈矩形，而且很长；从耳朵开始经过眼睛到鼻镜，略变窄。整个头部的长度大约为后背长度（从马肩隆到尾根处）的一半。头部应该显得与性别及整个体形相称。表情警觉、智商很高、勇敢。眼睛中等大小，深褐色，卵形，而且方向是向前的，既不能呈圆形，也不能突出。眉毛弯弯的，而且是刚毛，但眉毛不能太长，以至于影响视力或遮住眼睛。

耳朵位置高，发育良好，中等厚度，如果剪耳，耳朵应该竖立。如果未剪耳，应该是中等大小的耳朵，呈 V 字形，向前折叠，内侧边缘近面颊。缺陷：立耳或垂耳都属于缺陷。脑袋（从后枕骨到止部）宽度（两耳朵之间）适中，不超过整个脑袋长度的 2/3。脑袋平坦，既不圆，也不显得不平整；头皮平整。口吻结实，与脑袋平行而且长度与脑袋一致；口吻末端呈钝楔形，有夸张的刚毛胡须，使整个头部呈矩形外观。口吻的轮廓线与脑袋的轮廓线平行。鼻镜大，黑色而且丰满。嘴唇黑色，紧。面颊部咬合肌发达，但不能太夸张以至于变成"厚脸皮"，破坏矩形头部的整体外观。

咬合：一口完整的白牙齿，坚固而完美的剪状咬合。上下颚有力，不能是上颚突出式咬合或下颚突出式咬合。缺陷：钳状咬合在比赛中属于缺陷，但与上颚突出式咬合或下颚突出式咬合相比，缺陷的程度轻一些。

【颈部、背线、身躯】

颈部结实，中等粗细和长度，呈优雅的弧线形，与肩部结合简洁。皮肤紧凑，恰到好处包裹着喉咙，既没有褶皱，也没有赘肉。

背线不是绝对水平，而是从马肩隆处的第一节脊椎开始，到臀部（尾根处）略微向下倾，并略呈弧形。背部结实、坚固，直而短。腰部发育良好，从最后一根肋骨到臀部的距离尽可能短。

身躯紧凑、结实，拥有足够的适应性和敏捷度。缺陷：过于苗条或笨重；身躯过大或粗糙。

胸部宽度适中，肋骨扩张良好，如果观察横断面，应该呈卵形。

胸骨明显可辨。胸部的深度为最低的位置与肘部齐平，从胃部向后，逐渐向上收。胸部缺陷：过度上收。臀部丰满、略圆。尾巴：尾根位置稍高，向上竖立。需要断尾，保留的长度应该在1~2英寸。缺陷：松鼠尾。

【前躯】

肩部：肩胛骨倾斜且肌肉发达，所以肩膀平坦，而且肩胛骨圆形的顶端正好与肘部处在同一垂直线上。肩胛骨向前倾斜的一端与前肢结合，从侧面观察，应该尽可能是直角。这样的角度可以使前肢得到最大的伸展性，而不受任何牵制。

前肢笔直，垂直于地面，从任何角度观察，都没有弯曲的现象；两腿适度分开；骨量充足；肘部紧贴身体，肘尖指向后面。前肢的狼爪可以切除。

足爪小、紧凑且圆，脚垫厚实，黑色的趾甲非常结实。脚趾紧密、略呈拱形（猫足），趾尖笔直向前。

【后躯】

肌肉非常发达，与前肢保持恰当比例，绝对不能比肩部更高。大腿粗壮，后膝关节角度合适。第二节大腿，从膝盖到飞节这一段，与颈部的延长线平行。脚腕（从飞节到足爪这一部分）短，与地面完全垂直，而且从后面观察，彼此平行。如果后肢上有狼爪，一般都会切除。足爪与前肢的足爪的标准相同。

【被毛】

紧密、粗硬、刚毛而且尽可能浓密，柔软而紧密的底毛，粗糙的披毛，按毛发纹理逆向观察，毛发向后方生长，既不光滑也不平坦。披毛（身躯上的毛发）经过修剪（很明显），但只突出了身体的轮廓。

被毛的质地是最重要的特征，在比赛中，狗后背上的毛发长度在 3/4 到 2 英寸之间最为理想。耳朵、头部、颈部、胸部、腹部和尾巴下面的毛发都需要修剪，以突出这一品种的特点。口吻和眼睛上面的毛发比较长一些，形成眉毛和胡须；腿上的毛发比身躯上的要长一些。这些"修饰"使毛发看起来质地粗糙，但不能太夸张，以免影响其作为工作犬整洁优雅的整体外观。缺陷：被毛柔软、光滑、卷曲、稀疏或蓬松，太长或太短；底毛稀疏或缺少底毛；过分修饰；缺乏修饰。

【颜色】

椒盐色或纯黑色。

椒盐色：典型的椒盐色是混合了黑色和白色毛发，即白色镶黑色的毛发，不同深浅的椒盐色及铁灰色及银白色。理想的情况是，椒盐色标准雪纳瑞拥有灰色底毛，但褐色底毛或驼色底毛也可以接受。在与身体上颜色协调的前提下，面部的"面具"颜色越深越好。椒盐色的狗，其椒盐色毛发在眉毛、胡须、面颊、喉咙下面、胸部、尾巴下面、腿下部、身体下面和腿的内侧，会淡至浅灰色或银白色。

纯黑色：理想的黑色标准雪纳瑞是真正的纯色，没有任何褪色、变色、混合灰色或褐色的情况。当然，底毛也是纯黑色。但是，年老或长期日晒，肯定会造成严重褪色。在胸前有小块白色污迹不算缺陷。被割伤或咬伤留下的疤痕而引起的褪色不属于缺陷。

缺陷：除了指定颜色以外的任何颜色，如椒盐色混合了铁锈色、棕色、红色、黄色和褐色；缺乏椒盐色；斑点或条纹；背上有黑色条纹；在黑色鞍状部分没有椒盐色毛发或黑色标准雪纳瑞有灰色毛

发；黑色标准雪纳瑞有其他颜色的底毛。

【步态】

完美、有力、敏捷、大方、正确且标准的步态是由于后腿有力而且后腿角度合理，能较好地产生驱动力。前肢伸展的幅度与后腿保持平衡。在小跑时，后体坚固而水平，没有摇摆、起伏或拱起。从后面观察，虽然在小跑中，足爪可能会向内翻，但绝不能相碰或交叉。加速时，足爪可能会落向身体的中心线。

缺陷：侧行或迂回前进；划桨步，起伏、摇摆；无力、晃动、僵硬、做作的臀部动作；前肢向内或向外翻；马步，从后面观察有交叉或相碰。

【气质】

标准雪纳瑞具有极高的智商，聪明，乐于接受训练，勇敢，对气候和疾病有很强的忍耐力和抵御力。它天性合群，非常英勇而且极度忠诚。

缺陷：对缺陷需要认真对待，任何背离上述原则（高智商、英勇、可爱）的标准雪纳瑞，例如害羞或非常神经质都属于严重缺陷，并需要淘汰。特别恶劣的属于失格。

西伯利亚雪橇犬

【外观】

西伯利亚雪橇犬（哈士奇）属于中型工作犬，脚步轻快，动作优美。身体紧凑，有着很厚的被毛，耳朵直立，尾巴像刷子，显示出北方地区的遗传特征。步态很有特点：平滑、不费力。它最早的作用就是拉小车，现在仍十分擅长此项工作，拖拽较轻载重量时能以中等速度行进相当远的距离。它的身体比例和体形反映了力量、速度和忍耐力的最基本的平衡状况。雄性肌肉发达，但是轮廓不粗糙；雌性充满女性美，但是不孱弱。在正常条件下，一只肌肉结实、发育良好的西伯利亚雪橇犬也不能拖拽过重的东西。

【高度、重量、比例】

高度：雄性肩高 21～23 英寸，雌性肩高 20～22 英寸。

重量：雄性 45～60 磅，雌性 35～50 磅。重量要与身高协调。以上的数据代表了高度和重量的极限值，在此之外的不能优先考虑。骨架过大或超重都会影响比赛成绩。从侧面看，从肩点到臀部最末点的长度要略大于从地面到马肩隆顶点的高度。

不合格：雄性超过 23 英寸，雌性超过 22 英寸。

【头部】

表情坚定，但是友好，好奇，甚至淘气。眼睛杏仁状，分隔的距离适中，稍斜。眼睛可以是棕色或蓝色；两眼颜色不同或每只眼都有两种颜色是不能接受的。缺陷：眼睛太斜，靠得太近。

耳朵大小适中，三角形，相距较近，位于头部较高的位置。耳朵厚，覆盖着厚厚的毛。背部略微呈拱形，有力地竖起，尖部略圆，笔直地指向上方。缺陷：耳朵和头的比例失调，显得过大；分得太开；竖起不够有力。

颅骨中等大小，与身体的比例恰当；顶部稍圆，从最宽的地方到眼睛逐渐变细。缺陷：头部笨拙或过于沉重；头部的轮廓太过分明。额段：角度非常明显，鼻梁从上至下都很直。缺陷：额段角度不够明确。

口鼻长度中等，从鼻子的末端到额段的长度等于从额段到枕骨的长度。口鼻的宽度适中，逐渐变细，末端既不尖也不方。缺陷：口鼻太细或太粗；太短或太长。

鼻镜：灰色、棕褐色或黑色犬的鼻镜为黑色；古铜色犬为肝色；纯白色犬可能会有颜色鲜嫩的鼻镜。粉色条纹"雪鼻"也可以接受。嘴唇着色均匀，闭合紧密。牙齿剪状咬合。缺陷：非剪状咬合。

【颈部、背线、身躯】

颈：长度适中、拱形，犬站立时直立昂起，小跑时颈部伸展，头略微向前伸。缺陷：颈部过短、过粗、过长。胸：深，强壮，但是不太宽，最深点正好位于肘部的后面，并且与其水平。肋骨从脊椎向外充分扩张，但是侧面扁平，以便自由活动。缺陷：胸部过宽；"桶状肋骨"，肋骨太平坦或无力。背部：背直而强壮，从马肩隆到臀部的背线平直。中等长度，不能因为身体过长而变圆或松弛。腰部收紧，倾斜，比胸腔窄，轻微折起。臀部以一定的角度从脊椎处下溜，但是角度不能太陡，以免影响后腿的后蹬力。缺陷：背部松弛，无力；拱状的背部；背线倾斜。

【尾巴】

尾巴上的毛很丰富，像狐狸尾巴，恰好位于背线之下，犬立正时尾巴通常以优美的镰刀形曲线背在背上。尾巴举起时不卷在身体的任何一侧，也不平放在背上。正常情况下，应答时犬会摇动尾巴。尾巴上的毛中等长度，上面、侧面和下面的毛长度基本一致，因此看起来很像一个圆的狐狸尾巴。缺陷：尾巴平放或紧紧地卷着；尾根的位置太高或太低。

【前半身】

肩部：肩胛骨向后收。从肩点到肘部，上臂有一个略微向后的角度，不能与地面垂直。肩部和胸腔间的肌肉和韧带发达。缺陷：

肩部笔直，肩部松弛。前腿：站立时从前面看，腿之间的距离适中，平行，笔直，肘部接近身体，不向里翻，也不向外翻。从侧面看，骨交节有一定的倾斜角度，强壮、灵活。骨骼结实有力，但是不显沉重。腿从肘部到地面的距离略大于肘部到马肩隆顶部的长度。倾斜：骨交节无力；骨骼太笨重；从前面看两腿分得太宽或太窄；肘部外翻。椭圆形的脚，不长。爪子中等大小、紧密，脚趾和肉垫间有丰富的毛。肉垫紧密、厚实。当犬自然站立时，脚爪不能外翻或内翻。缺陷：八字脚，或脚趾无力；脚爪太大、笨拙；脚爪太小、纤细；脚趾内翻或外翻。

【后半身】

站立时从后面看，两条后腿的距离适中，两腿平行。大腿上半部肌肉发达、有力，膝关节充分弯曲，踝关节轮廓分明，距地的位置较低。如果有狼爪，可以去除。缺陷：膝关节笔直，牛肢后部太窄或太宽。

【被毛】

西伯利亚雪橇犬的被毛为双层，中等长度，看上去很浓密，但是不能太长，以免掩盖犬本身清晰的轮廓。下层毛柔软、浓密，长度足以支撑外层被毛。外层毛的粗毛平直，光滑伏贴，不粗糙，不能直立。应该指出的是，换毛期没有下层被毛是正常的。可以修剪胡须以及脚趾间和脚周围的毛，以使外表看起来更整洁。在参加比赛时，修剪其他部位的毛是不能允许的，并要受到严厉惩罚。缺陷：被毛长，杂乱蓬松；被毛质地太粗糙或太柔滑；修剪除上述被允许的部位以外的被毛。

【颜色】

从黑到纯白的所有颜色都可以接受。头部有一些其他色斑是常见的，包括许多其他品种未发现的图案。

【步态】

西伯利亚雪橇犬的标准步态是平稳舒畅，看上去不费力。脚步快而轻，在比赛时不要拉得太紧，应该中速快跑，展示前肢良好的伸展性以及后肢强大的驱动力。行进时从前向后看，西伯利亚雪橇犬不是单向运动，随着速度的加快，腿逐渐向前伸展，直至脚趾全部落在身体纵向中轴线上。当脚印集中在一条线上后，前腿和后腿都笔直地向前伸出，肘部和膝关节都不能外翻或内翻。每条后腿都按照同侧前腿的路线运动。犬运步时，背线保持紧张和水平。缺陷：短，跳跃式或起伏式的步伐；行动笨拙或滚动步伐；交叉或螃蟹式的步伐。

【性情】

西伯利亚雪橇犬的典型性格为友好，温柔，警觉并喜欢交往。它不会呈现出护卫犬强烈的领地占有欲，不会对陌生人产生过多的怀疑，也不会攻击其他犬类。成年犬应该具备一定程度的谨慎和威严。此犬种聪明、温顺、热情，是合适的伴侣和忠诚的工作者。

西伯利亚雪橇犬最重要的特征是中等体形，适中的骨骼，比例平衡，行动自如，特有的被毛，可爱的头部、耳朵和尾巴，以及良好的性格。参加比赛时，如果骨骼外观过于夸张或体重超重，步伐拘谨或笨拙，被毛长、粗糙都会受到处罚。西伯利亚雪橇犬不能超重，外貌粗鲁，以至于像一个做苦工的；或者体重太轻，纤细，类似赛跑犬。无论公母，西伯利亚雪橇犬都表现出强大的忍耐力。虽然这里没有明确指出，但是除了上面提到的那些缺陷，一些适用于所有犬种的明显的身体结构缺陷也适用于西伯利亚雪橇犬的评判。

圣伯纳犬

【简介】

充满力量、比例匀称且轮廓丰满，每一部分都很结实且肌肉发达，有力的头部和非常聪明的表情。面部有深色"面具"，使表情显得严厉，但不凶恶。

【头部】

如同身躯一样，头部显得充满力量而壮观。魁梧的脑袋，宽阔，略拱且两侧（上颊骨）倾斜，构成优雅的曲线，轮廓坚实。一道深沟从口吻根部开始，经过两眼之间，穿过整个脑袋。开始的一半非常清晰，向后逐渐消失在后枕骨。头部侧面线条从外眼角开始分岔，到头部后面。前额的皮肤，眼睛上方，有明显的皱纹比较理想，或多或少，但清晰，向深沟聚拢。当它警惕或注意什么的时候，皱纹更多，但不会造成愁眉苦脸的样子。过分夸张的皱纹不受欢迎。从脑袋到口吻的过渡（止部）突然且陡峭会比较理想。口吻短，不呈锥形，口吻的垂直深度

比长度要大。鼻梁不能圆拱、直。口吻宽、显著，鼻梁上从口吻根部到鼻镜有浅沟。上嘴唇非常发达，不能非常整齐，而是形成一个优美的曲线覆盖在下颚上，略显下垂。下嘴唇不应该下垂得很深。牙齿整齐、结实，剪状咬合或钳状咬合，虽然有些很优秀的狗会出现下颚突出式咬合，但不理想，上颚突出式咬合属于缺陷。口腔顶

部（天花板）以黑色为好。鼻镜非常坚实、宽阔，带有宽大的鼻孔，像嘴唇一样，必须为黑色。

耳朵中等大小，位置高一些会比较好；耳根处有非常发达的边缘，耳根竖立在头部，使耳朵在离头部稍远的位置，下垂的耳朵，边缘靠着头部，没有旋转。耳翼为柔嫩的圆角三角形，尖端略长。当它警惕时，耳朵前边缘稳稳地靠在头部边上，而后边缘离头部略远。如果耳根直接靠在头部，会形成头部的卵形外观，很不醒目；反之，有力的耳根会形成方形的头部，宽阔且非常醒目。眼睛大部分靠前，而不在侧面，中等大小，深褐色，眼神聪明、友善，深度合适。严格意义上，下眼睑不能完全贴合眼球，因为皮肤的皱纹会使眼睑内翻。眼睑过度下垂、太红，瞬膜太厚，眼睛颜色太浅都属于缺陷。

【身躯】

颈部位置高，非常结实，当它警惕时或注意什么的时候会向上举，其他时候则水平放置或略向下。颈部与头部结合处有明显凹痕。颈背肌肉非常发达且圆，从侧面观察颈部显得很短。喉咙和颈部的赘肉非常明显，但过分夸张就不好了。

肩部倾斜、宽阔，肌肉非常发达且有力，马肩隆非常坚固。胸部非常良好地圆拱，深度适中，到达肘部。背部非常宽，到腰部为止都非常直。臀部略斜，与很不显眼的尾根结合。

后躯充分发育，腿部肌肉非常发达。腹部明显地位于非常有力的腰部以下，有些轻微的上提。

尾巴从臀部开始的部分非常有力、宽阔，尾巴长，尾尖也很有力。休息时，垂直悬挂，只有最后 1/3 部分略向上弯的话，不被认为是缺陷。大多数的狗尾巴悬挂的方式略斜，所以是呈现字母"f"的形状。在警惕时，所有的狗或多或少都会将尾巴上卷，但绝不能举得太高或卷到背后。略有卷曲的尾巴是允许的。

【前肢】

非常有力而且肌肉格外发达。

【后腿】

飞节角度中等，不希望有狼爪，如果有，不应该影响步态。

【足爪】

宽，有结实的脚趾，脚趾略紧，趾关节高一些比较好。有时后肢内侧出现狼爪是不良基因造成的，它们对狗本身没有任何用处，在评判时也不考虑，一般都通过外科手术切除。

【被毛】

非常浓密，短（短毛型），平滑地躺着，毛质硬，但触摸上去的感觉不粗糙。大腿的毛发更浓密一些，尾巴根部的毛发略长且密，向尾尖方向逐渐变短。尾巴的毛发浓密但不能像旗子。

【颜色】

白色带红色或红色带白色，红色包括了不同程度的红色斑点、碎块，带白色斑纹。红色和黄褐色是一样的。必需的斑纹是白色胸部、足爪和尾巴尖，颈部有"领子"或斑纹，后者和脸部有白筋比较理想。绝不能只有一种颜色或没有白色。缺陷：除了面部和耳朵有深色"面具"，其他任何颜色都属于缺陷。颜色可以分为披风型和斑块型。

【肩高】

雄性正常的最低肩高为27.5英寸；雌性正常的最低肩高为25.5英寸。雌性的身体结构更漂亮、精致。

【主要缺陷】

任何背离标准的情况都属于缺陷，例如：下凹的后背；背部长

度不合比例；飞节角度太大；过直的后躯；脚趾间有向上生长的毛发；肘部外翻、牛肢或软弱的脚腕。

长毛型大致与短毛型一样，只是毛发不是短毛，而是中等长度、略呈波浪形的毛发，毛发不能卷曲，也不粗糙，尤其是从腰部到臀部的毛发，起伏得很厉害，相对短毛型的区别不大，只需要略作说明。毛发浓而密，中等长度。卷曲的毛发、旗帜状的尾巴都属于缺陷。脸部和耳朵的毛发短而柔软，耳根处长有长毛是允许的，前肢略有饰毛，大腿毛发浓密。

第三节 狩猎犬 >>>

惠比特犬

【简介】

一种中型猎犬，外观高雅而匀称，显示出速度、力量和平衡，但不粗糙。真正的运动型猎犬，能以最少的动作跑完最大的距离。给人的印象是漂亮而和谐，肌肉发达，强壮而有力，外形极度高雅、优美，呈流线型的体形适应了速度的要求。轮廓匀称，发达的肌肉和有力的步伐是重点考虑的；它所有的构造都是为速度及工作服务的，任何夸张的地方都必须去除。

【体形】

雄性的理想高度为 19~22 英寸；雌性是 18~21 英寸（从马肩隆到地面的距离）。上下误差超过 1.5 英寸属于失格。从前胸到臀部的距离等于或略大于肩高。中等骨量。

【头部】

敏锐、聪明而警惕的表情。眼睛大，颜色深。两个眼睛颜色必须一致。黄色或浅色眼睛属于严重缺陷。蓝色眼睛或眼睛内有色环属于失格。眼圈色素充足。玫瑰耳：小，质地细腻。休息时，耳朵向后，沿着颈部折叠。关注其他事物时，折痕依旧存在。立耳属于严重缺陷。

脑袋：长而倾斜，两耳间相当宽，止部几乎无法被察觉到。

口吻：长而有力，显示出巨大的咬合力，但不粗糙。缺乏下颌属于严重缺陷。鼻镜为纯黑色。

牙齿：下颚牙齿紧密贴合上颚牙齿内侧，形成剪状咬合。牙齿白而结实。下颚突出式咬合属于失格。上颚突出式咬合，如果上颚突出 1/4 英寸或更多也属于失格。

【颈部、背线、身躯】

颈部长，整洁，肌肉发达，圆拱，喉咙无赘肉，逐渐变宽，融入肩胛上端。短而粗的脖子或羊脖子属于缺陷。背部宽，稳固，肌肉发达，长度超过腰部。背线从马肩隆开始，呈平顺、优美而自然的拱形，越过腰部到达臀部；圆拱是延续的，无断裂。肩胛后塌陷，凹陷的后背，平坦的后背，陡峭或平坦的臀部都属于缺陷。

胸部非常深，几乎延伸到肘部，肋骨支撑良好，但没有桶状胸的迹象。两前肢之间的空间完全被填满，所以不显得空虚。下腹曲线明显上提。

尾巴长，且尖端细，当尾巴垂落在后腿之间时，延伸到飞节处。当它运动时，尾巴低低地举着，略微向上弯曲；尾巴不应该举高过后背。

【前躯】

肩胛长，向后倾斜，肌肉平坦，在马肩隆的位置，肩胛骨之间允许有一点空隙。上臂的长度与肩胛相同，肘部正好在马肩隆下方。

肘关节既不向内弯也不向外翻，而是笔直向后。陡峭的肩胛、太短的上臂、肩胛肌肉过重或抗肩膀，或肩膀太窄，所有对舒展的动作有影响的地方，都属于严重缺陷。前腿直，显得有足够的力量。骹骨结实，略微倾斜，且柔韧。弓形腿，纠结的肘部，腿部缺乏肌肉和骨量，腿在身体下方距离很远而形成一个非常夸张的胸部，虚弱或垂直的骹骨，都属于严重缺陷。

前后足爪都非常完美，脚垫坚硬、厚实。足爪更接近兔足而不是猫足，但两者都可以接受。平、张开或柔软的足爪，缺乏坚硬厚实的脚垫属于严重缺陷。脚趾长、紧密且圆拱。趾甲结实，且天生很短或中等长度。狼爪可以切除。

【后躯】

长而有力。大腿宽而肌肉发达，膝关节倾斜；肌肉长而平坦，向下延伸到飞节；飞节位置低，靠近地面。镰刀腿或牛肢属于严重缺陷。

【被毛】

短，紧密，平顺，且质地坚硬。其他任何被毛都属于失格。在工作中留下的或意外中造成的旧伤痕，在比赛中不应该受到歧视。

【颜色】

颜色不重要。

【步态】

低而舒展的、平顺的移动，前躯伸展充分而后躯驱动力强大。从侧面观察，它的动作非常舒展。前肢向前伸展时贴近地面，产生长而低的步伐；后躯产生强大的推动力。当它离去或从后面观察，腿既不向内弯，也不向外翻；足爪既不相互交错，也不彼此干涉。缺乏前躯延展或后躯驱动，或步距短且呈现马步式步态（抬腿太高），属于严重缺陷。足爪交叉或太靠近也属于缺陷。

【气质】

亲切，友善，温和，但能在瞬间产生巨大的爆发力，去追击猎物。

【失格】

与身高标准的误差超过 1.5 英寸。

蓝色眼睛或眼睛内有色环。下颚突出式咬合或上颚突出式咬合，上颚突出 1/4 英寸或更多。拥有不短、不紧密、不平顺，且质地坚硬的被毛。

普罗特猎犬

【简介】

普罗特猎犬聪明、警惕且自信，带有显著的猎犬的色彩，传统上普罗特猎犬用来对付大的猎物。在打猎时它表现出毅力、耐性、敏捷、果断和攻击性，除了力量和强健的肌肉，改进的普罗特猎犬还结合了运动能力和勇气。

【大小、比例和体形】

大小：雄性身高为20~25英寸。雌性为20~23英寸。

比例：普通结构和高度的比例。缺陷：腿太长或太接近地面。

重量（在可参加打猎的条件下）：雄性50~60磅，雌性40~55磅。

体形：中等骨量。强壮，但迅速灵活。缺陷：夸张。过重或过于体现速度和灵巧的骨架。

【头部】

头：适当地举起，皮肤适度紧贴。缺陷：皮肤有折叠，有垂肉，皮肤绷得太紧。表情：自信、好奇、坚定。缺陷：忧郁的表情。眼睛：褐色或淡褐色，突出而非深陷。缺陷：下垂的眼睑，红色瞬膜。耳朵：长度适中，质地柔软，相当宽，位置较高。优雅地悬挂着，里面的部分向外转朝向口部。雄性耳朵展开有18~20英寸，雌性为17~19英寸。当专心或好

奇时，有的普罗特猎犬的耳朵会有半竖起的力量，并会形成一道明显的在冠部的折痕。失格：耳朵的长度超过了鼻子尖或像寻血犬一样挂着，长长的，下垂的样子。脑袋：适度平。冠部圆形，两眼之上的空间相当宽。缺陷：窄头，呈方形、椭圆形或过于呈半球形。口部：长度适中，垂唇外观略呈方形。缺陷：正方形，有尖型。颜色：眼眶、嘴唇和鼻子是黑色，垂唇是黑色。缺陷：下垂的垂唇。咬合：牙齿呈剪状。缺陷：上颚突出或下颚突出。

【颈部、背线、身躯】

颈部：长度和肌肉适中。灵活自如的沉重的喉头。缺陷：松弛，皱起或折起的皮肤。

背线：柔和的坡形，马肩隆处略高于臀部。缺陷：拱状。

身躯：胸部深，肋骨深，宽度适中，弹性好。背部肌肉强健，强壮，水平。腰略弓。尾巴：根部略低于背部的水平线。相当长，自由地举着，像马刀一样。在外观上看重量适中，呈锥形。有时带有轻微的刷状。

【前半部】

肩膀：灵活，肌肉强健，坡形，显示了力量和速度。肘：直角放置。前腿：直，流畅，肌肉强健。骹骨：强壮直立。脚：结实，紧绷，有适当的脚垫和关节，有强壮的脚趾。位于腿的正下。失格：张开的脚。趾甲：通常为黑色，但是也可以是匹配身体上斑纹的暗红褐色，鹿色犬有浅红的趾甲。当脚的一部分有白色时，还可能是白色趾甲。

【后半部】

角度：在后膝和跗骨处有适当的弯曲。臀部：光滑，圆形，相对宽，看上去能提供高效的推动。腿：从臀部到跗骨长，有肌肉。从跗骨到脚垫短，强壮且与地面成直角。上部大腿和第二腿骨：有力，肌肉强健。脚：在身下位置靠后处。结实紧密。脚趾：强壮。

【被毛】

光滑，纤细，亮泽，但是要足够厚以保护不受风雨侵害，极少数有双层被毛，在内里有一层短且柔软厚实的底毛，隐藏在又长又硬的光滑的外毛下面。

【颜色】

有斑纹为首选（在浅色背景上的深色毛发组成的条纹），包括以

下的斑纹颜色：鹿色，棕色，褐色，巧克力色，肝色，橙色，红色，浅或深灰色，蓝色或马耳他色，淡黑色，黑色。其他可接受的普罗特猎犬的颜色为纯黑色，包括任何暗色斑纹，带有黑色鞍纹，以及带有整齐斑纹的黑色。有时会在幼崽中出现稀有的鹿色，没有斑纹；颜色范围从红鹿色到沙红色，浅奶油色，以及黄赭石色。深褐色到金棕色也在颜色范围之内。在颚和口部周围有些灰色时，在胸前和脚上有些白色是可以的。

【步态】

灵巧优美，有节奏感的脚步。具有充足的前躯伸展性和后躯驱动力，这使普罗特猎犬可以敏捷迅速地轻松穿过各种地形。在加速时腿汇聚到一个轨迹上。

【性情】

喜欢取悦，忠诚，聪明，警惕，好斗，大胆，是勇敢的猎手。普通状况下的表现可能会与压力下有所不同，有时作为猎熊犬时会在对大猎物的捕捉中有优异的表现。

第四节 运动犬组　　　　〉〉〉

硬毛指示格里芬犬

【简介】

中等体形，拥有高贵的、正方形的头部，四肢结实，培养的目的是用作在各种地形条件下的步行猎犬。动作轻松，像猫一样优美。在原野上胜过其他指示犬，在水中能胜过寻回犬。被毛坚硬而粗糙，绝不能卷曲或呈羊毛质，厚实的底毛由细腻的毛发组成，外观显得乱蓬蓬的。它非常容易调教，热爱家庭，而且有友善的品性，深受人们的喜爱。因此它为自己赢得了"最好的枪猎犬"的称号。

【体形】

尺寸：雄性肩高 22~24 英寸；雌性肩高 20~22 英寸。合理的尺寸非常重要。体形太大属于严重缺陷。比例：体长略大于肩高，比例大约为 10：9。肩高是指从肩胛骨最高处到地面的垂直距离，体长是指从肩胛骨最前端到臀部最后端的距离。硬毛指示格里芬犬不应该发展成正方形结构。体质适中，显示出它是一种适应所有地形的猎犬。

【头部】

必须与整体的比例协调。中等宽度，从鼻尖到止部的距离与从止部到后枕骨的距离大致相等。脑袋的顶端略微圆拱。口吻和头部的侧面呈正方形。止部和后枕骨轻微突起。必须有充足的眉毛和胡须，产生一种友好的表情。眼睛大而张开，略显圆，而不是椭圆。眼神显得警惕、友善，而且聪明。眼睛的颜色是不同深浅的黄色和褐色。瞬膜不可见，且眼睛不突出。耳朵为中等大小，平坦地下垂，且贴着头部。位置略高，与眼睛齐平。鼻镜：首先是鼻孔开阔。鼻镜颜色总是褐色的。任何其他颜色都属于失格。咬合：剪状咬合。上颚突出式咬合或下颚突出式咬合属于严重缺陷。

【颈部、背线、身躯】

颈部：稍长，略微圆拱，无赘肉。

背线：背部结实而稳固，从马肩隆向尾根处逐渐向下倾斜。

身躯：胸部必须延伸到肘部，肋骨适度撑起。胸部既不能太宽，也不能太窄，宽度适中，允许前肢自由地运动。腰部结实且非常发达，中等长度。臀部健壮，有足够的长度，能提供理想的速度。尾巴是背线的自然延伸，姿势保持笔直或略微凸起。断尾，保留 1/3 或一半长度。

【前躯】

肩胛：长，有足够的角度，向后倾斜。前肢笔直，从前面观察，垂直于地面，在肩胛下正确的位置。骹骨略微倾斜。狼爪需要切除。足爪：圆，稳固，脚趾紧凑，有蹼。脚垫厚实。

【后躯】

大腿长而肌肉发达。角度与前躯相称。后肢垂直于地面，飞节既不向内弯，也不向外翻。膝关节和飞节结实且角度恰当。足爪与前肢的足爪的标准相同。

【被毛】

被毛是这个品种的独特特征之一。它拥有双层被毛。外层披毛中等长度，直或略呈波浪状，绝不能卷曲或呈羊毛质。粗糙的质地能在灌木丛中提供保护。底毛必须细腻、厚实，提供防水能力。底毛的丰厚程度根据季节变化、气候变化及激素周期变化而有所不同。颜色通常比较浅。头部拥有丰富的胡须和眉毛，外貌必须由延伸出来的底毛共同组成，所以硬毛指示格里芬犬的外貌显得非常凌乱。耳朵上的毛发相当短而柔软，混合了长而粗糙的被毛。足爪的刚毛要比身躯略少。腿部，包括前肢和后肢，覆盖着浓密、短、粗糙的被毛。尾巴上的毛发与身躯上的相同，任何形式的羽状饰毛都必须严格禁止。这个品种必须显示出丰满的被毛，不能以任何方式剥除被毛。只允许剥除和修剪耳朵、头顶、面颊和足爪的毛发。

【颜色】

蓝灰色带褐色斑纹比较理想，通常是栗褐色或杂色。白色带褐色或白色带橘色也可以接受。全部是褐色、全白色、白色带橘色则不理想。黑色被毛属于失格。

【步态】

虽然不用工作，但硬毛指示格里芬犬必须能有效而轻松地覆盖地面。它是一种中等速度的狗，前肢和后肢完全协调。小跑时，由于重力作用，前肢和后肢向身躯中心线收拢。前后肢能充分伸展。从侧面观察，背线稳固且与运动方向一致。可以看到平顺、有力的地面覆盖能力。

【气质】

硬毛指示格里芬犬敏捷，头脑聪明，容易训练。它喜欢外出，非常热衷于取悦主人，而且可信赖。它是非常卓越的家庭犬，同样也是小心翼翼的搜索同伴。

威尔斯激飞猎犬

【简介】

威尔斯激飞猎犬是一种独特而古老的品种，它的得名是因为它的捕猎本领。它是一种有魅力的狗，身材灵便，显得壮实而不粗糙。它的身材紧凑，腿不是很长，其结构明确显示出能完成艰苦的工作，且耐力持久。威尔斯激飞猎犬显得比较长，是因为倾斜的前躯角度和发达的后躯的关系。作为一种猎犬，它应该显示出在工作条件下的发达的肌肉。它的被毛不应该太夸张，以免妨碍它作为一种积极、有冲劲的猎鹬犬进行工作，但应该有足够的厚度，使它在繁重的工作中和恶劣的气候条件下能得到足够的保护。

【体形】

雄性的理想肩高为 18~19 英寸；而雌性的理想肩高为 17~18 英寸。超过或不足这一肩高范围都将受到相应的处罚。体重应该与肩高相称，且整体显得匀称。从马肩隆到尾根处的距离（体长）略大于肩高。体长也许与肩高相等，但绝对不能小于肩高，因此，威尔斯激飞猎犬能保持矩形轮廓。

【头部】

威尔斯激飞猎犬的头部非常独特，与其他品种的猎鹬犬的头部完全不同。其整体平衡最为重要。

头部与身躯的比例协调，绝不能因太宽而显得粗糙，也不能因太窄而像赛跑狗。脑袋的长度适中，略微圆拱。止部清晰整洁。眼睛下方轮廓分明。脑袋的轮廓与口吻的轮廓略微有点不平行，但是不很向下倾斜，造成"下斜脸"的倾向。短而圆胖的头部是非常不受欢迎的。

眼睛：呈卵形，颜色从深褐色到中等褐色，眼神温和。尽管浅褐色的眼睛也可以接受，但深褐色更好一些。黄色或看起来不舒服的眼睛属于严重缺陷。眼睛中等大小，既不突出，也不凹陷，瞬膜不可见。眼睑紧密，深颜色比较理想。

耳朵：位置大约与眼睛在同一水平线上，悬挂在面颊两侧。相对较小，耳郭无法延伸到鼻尖。形状有点像葡萄叶子，有轻盈的羽状饰毛。口吻：长度大致与脑袋相等，但绝不能比脑袋长。笔直，位置相当正，没有过分下垂的嘴唇。鼻孔开阔，鼻镜为黑色或不同深浅的褐色。粉红色的鼻镜属于严重缺陷。咬合：剪状咬合。下颚突出式咬合属于严重缺陷。

【颈部、背线、身躯】

颈部：长而略微圆拱，喉咙处整洁，融入长而倾斜的肩胛。

背线：水平，腰部略微圆拱，肌肉发达，结构紧凑。臀部呈轻微的圆弧形，不能显得陡峭或直接下坠。背线在纵向有正确的角度，使侧轮廓显示出矩形。胸部：非常发达，肌肉发达且前胸明显突出。肋骨支撑良好且延伸到肘部。尾巴：背线的延伸，姿势几乎是水平的，兴奋时略微翘得高一些。通常需要断尾，尾巴的动作显得欢快。

【前躯】

肩胛骨与上臂骨的长度大致相等。上臂骨与肩胛骨的连接处有足够的角度，使它在站立时，肘部正好在肩胛骨正下方。前臂长度适中，直且略有羽状饰毛。前肢骨量充足，但不会因为太过分而显得粗糙。威尔斯激飞猎犬的肘部贴近身躯，骹骨短而略微倾斜。从地面到肘部的距离与从肘部到肩胛骨最上端的距离大致相等。狼爪通常切除。足爪圆、紧凑而圆拱，脚垫厚实。

【后躯】

后躯必须非常强健，肌肉发达，骨量充足，但不粗糙。从轮廓上观察，大腿非常宽，且第二节大腿非常发达。骨盆与大腿骨的角度同肩胛骨与上臂骨的角度协调。膝关节角度适中。从飞节到足爪的骨骼短，飞节角度恰当。从侧面或后面观察，它们完全垂直于地面。后肢狼爪需要切除，足爪与前躯的足爪标准相同。

【被毛】

被毛天生就直而平坦，触摸的感觉柔软，绝不能是刚毛质的或呈波浪状。相当浓密，能防水、防荆棘，且能抵御恶劣的气候。前肢后面、后肢飞节以上部位、胸部和下腹部有适量羽状饰毛。耳朵和尾巴上有轻盈的羽状饰毛。被毛太夸张而妨碍它在野外工作的话，是不合需要的。明显的修剪痕迹也需要避免。

【颜色】

颜色只能是丰富的红色和白色。任何图案样式都可以，有时在红色部位会有白色斑点。

【步态】

威尔斯激飞猎犬的动作平顺、有力，覆盖地面时，显得后躯驱动力强大。从侧面观察，向前的伸展动作非常强健，没有任何浪费精力的动作。从前面观察，腿部以轻松的动作向前迈出，足爪没有交错或相互干涉的迹象。从后面观察，飞节与前肢在同一直线上运动，距离既不太宽，也不太靠近。随着速度增加，足爪逐渐向身体中心线聚拢。

【气质】

威尔斯激飞猎犬是一种活泼的狗，显得忠诚而挚爱。虽然对陌生人有所保留，但不胆小、羞怯或不友好。它深爱家庭中的成员，也喜欢外出狩猎。

威玛猎犬

【简介】

威玛猎犬是一种中等体形的灰色狗，具有漂亮的、贵族化的外貌。威玛猎犬显得非常优雅，它迅速、有毅力、机敏且匀称。威玛猎犬的整体结构显示出它有能力在野外以很高的速度长时间工作（耐力持久）。

【高度】

雄性肩高 25~27 英寸；雌性肩高 23~25 英寸。两种性别都允许 1 英寸内的误差，但属于小缺陷。雄性低于 24 英寸或高于 28 英寸；雌性低于 22 英寸或高于 26 英寸属于失格。

【头部】

中等长度，且显得贵族化，止部适中，有中心线向后延伸，越过前额。后枕骨突出，且呈喇叭形向后发展，从眼窝后面开始。从鼻尖到止部的距离与从止部到后枕骨的距离大致相等。上唇直。鼻孔精巧。皮肤紧凑。颈部轮廓整洁且长度适中。表情和蔼、敏锐且显得聪明。耳朵：长而呈叶片状，略微折叠且位置高。如果将耳朵沿着颌部向前拉伸，距离鼻尖约 2 英寸。眼睛：不同深度的浅琥珀色、灰色或蓝灰色，彼此间的距离足够宽，显得布局良好。在兴奋的情况下，差不多是黑色的。

牙齿：布局良好，结实而均匀，非常发达，与颌部相称，正确的剪状咬合。上颚的牙齿略微向外，相对下颚的牙齿不应该超出 1/16 英寸。齿系完整最为理想。鼻镜：灰色。嘴唇和牙龈：粉红色或肉色。

【身躯】

背部长度适中，呈笔直的直线，结实，从马肩隆向后略微倾斜。胸部非常发达，且深，肩胛向后倾斜。肋骨支撑良好且长。腹部稳固，腰窝适度上提。胸底延伸到肘部。

【被毛和颜色】

短、平顺且光滑，纯色，从鼠灰色到银灰色，通常头部和耳朵的颜色比较浅。胸部有小的白色斑纹是允许的，但身躯其他部位出现白色则属于缺陷。由于伤痕而造成的白色斑块不属于缺陷。明显的很长的被毛属于失格。明显的蓝色或黑色被毛属于失格。

【前肢】

直而结实，从肘部到地面的距离与从肘部到马肩隆最高点的距离大致相等。

【后躯】

角度恰当的后膝关节和笔直的飞节。肌肉非常发达。

【足爪】

稳固而紧凑，有蹼，脚趾圆拱，脚垫紧凑而厚实，趾甲短，灰色或琥珀色。狼爪需要切除。

【尾巴】

断尾。成年威玛猎犬的尾巴长度约为 6 英寸，显得轻盈不沉重。尾巴的姿势明确表现出自信而健康的气质。未断尾属于缺陷。

【步态】

步态应该是轻松而平滑的，显得协调。从后面观察，后足爪与前足爪相互平行。从侧面观察，背线保持稳固而水平。

【气质】

应该显得友善、勇敢、警惕且服从。

【缺陷】

次要缺陷：尾巴太短或太长。粉红色鼻镜。

主要缺陷：像雄性一样的雌性；像雌性一样的雄性。不恰当的肌肉组织。非常不恰当的牙齿，缺齿 4 颗或更多。后背太长或太短，背毛有缺陷。颈部太短、太粗或有赘肉。尾巴位置低。肘部向内弯或向外翻。足爪向东或向西，做作的步态。牛肢。不完美的后背，拱起或摇摆。严重的上颚突出式咬合或下颚突出式咬合。尖细的口吻。短耳朵。

严重缺陷：在胸部以外的部位出现白色。眼睛不是灰色、蓝灰色或琥珀色。黑色斑驳的嘴。未曾断尾。显得非常害怕、羞怯或极度神经紧张。

爱尔兰水猎犬

【简介】

原产地爱尔兰，起源于 19 世纪。

该品种是由查士丁·麦卡锡主持培育的，因为他对该品种的来源严格保密，所以很难确切知道爱尔兰水猎犬的血统。有人认为可能是葡萄牙水狗或其他长卷毛品种比如贵妇犬等与爱尔兰本地狗杂交的结果。爱尔兰水猎犬主要用来在河湖和沼泽地中猎捕野鸭、野鹅等水禽，游泳能力非常强，能够从深水中把像鹅这么大的猎物拖上岸来。

爱尔兰水猎犬是一种漂亮的、结构坚固的运动犬，非常聪明，结合了耐力和胆大的性格，活跃、热情的气质。其特征在于顶髻上长而松散的卷毛，身躯上覆盖着浓密、清晰的肝色卷毛，与它平滑的脸部及平滑的"老鼠尾巴"形成鲜明的对照。

【体形】

结构有力，骨量充足，长度适中，外观略呈矩形。它非常匀称，不会显得腿很细长或很粗短。雄性肩高在 22~24 英寸；雌性肩高在 21~23 英寸。雄性体重为 55~65 磅；雌性体重为 45~58 磅。

【头部】

头部轮廓整洁，没有"厚脸皮"，也不显得很短，呈楔形。脑袋稍大，顶部圆拱，后枕骨突出，止部逐渐过渡。口吻呈四方形，且

稍长。嘴巴开口较深，嘴唇质地细腻。鼻镜大，肝色。牙齿结实而整齐，剪状咬合或钳状咬合。脸部的毛发短而平顺。胡须生长在下巴后面的一条窄线上。顶髻是这个品种独有的特征，长而下坠，松散的卷毛向下生长，在眼睛中间形成清晰的"鸭舌"，并像披肩一样垂下来，围绕着耳朵上端及后枕骨。以夸张的方式修剪这个品种独有的特征是非常讨厌的。眼睛：中等大小，略呈杏仁形，眼睑紧密。眼睛颜色为榛色，越深越好。表情敏锐、警惕、聪明、直率而好奇。耳朵：长，叶子状，位置低，耳郭向前伸展的话，可以延伸到鼻尖，

覆盖着长长的卷毛，能延伸到耳郭下1~2英寸。

【颈部、背线、身躯】

颈部长，圆拱，结实而肌肉发达，平滑地融入整洁而倾斜的肩胛。背线结实而水平，可能后端略高，绝不能向下倾斜，也不能显得松弛或拱起。身躯长度适中，略有棱角。胸部深，胸底延伸到肘部。肋骨支撑良好，且向后。肩胛后面的肋骨立即变平，允许前肢能自由运动，随后逐渐变圆。腰部短、宽且肌肉发达，身躯没有明显的上提。

【前躯】

整个前躯给人的印象是非常有力，但不沉重。肩胛倾斜而整洁。前肢骨量充足，肌肉发达，中等长度；上臂有充分的长度，能保证有效的伸展。肘部位置贴近身躯。足爪大、厚实且略微张开，脚趾上和中间都覆盖有毛发。

【后躯】

健康的后躯是非常重要的，需要在游泳或行走中提供强大的驱动力。高于或略高于肩胛，强大而肌肉发达，大腿的第一节和第二

节非常发达。臀部宽，膝关节适度弯曲，飞节位置低，且适度弯曲。后躯角度适中，前后躯角度平衡是至关重要的。后足爪大、厚实、略微张开、覆盖着毛发。尾巴位置低，足够使后躯形成圆形外观，尾巴可以举到与背部齐平的位置。

【尾巴】

尾巴是所谓的"老鼠尾"，是这个品种独有的特征。根部粗，隐藏着 2~3 英寸的短短的卷。尾巴呈锥形，尖端细腻。从根部出发，尾巴卷隐藏在短而平顺的毛发中，使它看起来像被剪短了。尾巴的长度不应该延伸到飞节。

【被毛】

适当的双层被毛，在工作中能起到保护作用，这是至关重要的。颈部、后背、两侧，都隐藏在浓厚、紧密而清晰的卷毛中，肋骨下的毛发稍长。前肢上覆盖着丰富的卷毛或波浪状的毛发。后腿上也覆盖着丰富的卷毛或波浪状的毛发，除了后腿飞节下方的前面，毛发短而平滑。喉咙处的毛发非常短，且平滑，形成 V 字形区域。所有的卷毛区域都整洁而清晰，有足够的长度，与被毛平滑的脸部、喉咙、尾巴及后腿飞节以下部位形成鲜明的对比。前后足爪上都有毛发覆盖，脚趾间和脚趾上都有毛发。它可以显示其自然的被毛，也可以修剪被毛。无论如何，都不能将毛发过分修饰或修剪，使卷曲的被毛质地变得不明显。

【颜色】

纯肝色。除非是年老而产生的灰白色，白色毛发或斑纹属于缺陷。

【步态】

爱尔兰水猎犬的动作平顺、舒展。从侧面观察，伸展和驱动显得协调。能精确地走直线。不论是在行走中还是站立时，腿部垂直于地面，脚趾既不向内弯，也不向外翻。

【气质】

非常警惕且好奇。爱尔兰水猎犬通常对陌生人有所保留。无论如何，好斗的行为或过分羞怯都属于缺陷。气质稳定对一个猎犬而言是基本要求。

【缺陷】

前面所描述的爱尔兰水猎犬可以在艰苦的条件下工作。在比赛中，任何背离上面描述的地方都属于缺陷，并需要根据背离的程度进行扣分。保持该品种最初的基本用途所必需的外貌特征是非常重要的。

第五节 非运动犬 〉〉〉

松狮犬

【简介】

松狮犬是一种原产中国北方的古老犬种，曾在中国用途广泛，作为狩猎犬、拖曳犬、护卫犬。现在主要作为伴侣犬。

体格强健，身体呈方形，属中型犬，肌肉发达，骨骼粗壮，骨量足，适合寒冷地区。身体紧凑、短，胸宽而深，尾根高，尾巴紧贴背部卷起，四肢笔直，强壮有力。从侧面看，后腿几乎没有明显的弯曲，膝关节和后跗骨在髋关节的正下方。正是这种结构形成了松狮犬独特的短而呆板的步伐。头大，颅骨宽而平，嘴阔而深，昂首，头的周围有漂亮的、流苏般的鬃毛环绕。优雅的身体结构要求达到平衡，不能因为过于巨大导致活动不灵敏或不警觉。被毛分短毛和粗糙两种，都是双层毛。松狮集美丽、高贵和自然于一身，拥有独特的蓝舌头、愁苦的表情和独特的步伐。

【体形】

大小：成年犬的平均身高（肩高）是17~20英寸，然而最重要的是整体的比例。比例：从侧面看身体为方形，结构紧凑。前额到臀部的距离等于马肩隆的最高点的高度。如果侧面看起来不像是方形则视为严重缺陷。从肘尖到地的距离等于肩高的一半。胸的底线与肘尖水平。从前、后看身体都很宽，

而且宽度一样。对于标准的松狮来说，这些比例至关重要。判断幼犬时，不允许出现与这些比例相违背的情况。

身体：中型犬，肌肉发达，强壮，骨骼粗大。口鼻长，骨骼细小以及过于笨重，成块状的品种则不受欢迎。不同性别相比较时，要制定有利于母犬的标准，它们的头和身体可能无法像公犬那样巨大。与公犬的阳刚之气相比，母犬给人以柔美的感觉。

【头部】

昂首，属于犬中头的比例较大的品种，但是不能夸张到看上去头重脚轻，或者无法昂起头来。一副愁眉不展的神情，高贵、庄重、严肃、冷静、独立。愁眉苦脸是由于额头的皮肤皱起了疙瘩，而且正好在每只眼睛的内上角，形成皱眉；双眼间有明显皱纹，由口鼻延伸至前额；有着恰当的眼睛形状和位置，耳朵的形状、位置和竖耳。不能有过多的松弛皮肤。口鼻上不能出现皱纹。

眼：深褐色，深陷，双眼距离宽，眼斜，中等大小，杏仁状。恰到好处的位置和形状形成了松狮典型的东方外貌。眼圈黑色，眼

睑既不能翻转也不能下垂，瞳孔清晰可见。严重的缺陷：睑内翻或睑外翻，瞳孔被松弛的皮肤完全或部分遮盖。

耳：小，中等厚度，三角形但是耳尖稍圆，竖耳，略微前倾。位于颅骨顶部，分得很开。运动中一只耳朵下垂是十分不可取的。失格：一只或两只垂耳。垂耳即耳朵在从根部到尖部的任何一点上出现断裂，或者是无法竖起而与颅骨顶部平行。

脑袋：从任何方向来看，颅骨顶部都十分宽阔平坦。被毛和松弛的皮肤不能代替应有的骨骼结构。从侧面看，口鼻的背线和颅骨基本平行。眉间的皱纹使结合处看起来比实际上突兀一些。和颅骨顶部相比，口鼻很短，但是不能少于头长的1/3。口鼻宽，位于眼睛下方，宽度和深度一样。恰当的骨骼结构以及口鼻的衬托和垫子似的嘴唇构成了松狮方形的外表。口鼻的衬托作用不能过于夸张，影响方形头的形状。口闭合时，上唇要完全覆盖下唇，但是不能出现悬垂。

鼻：大，宽，黑，鼻孔明显张开。失格：鼻子上有斑点，或明显不是黑色，但是有一个例外：蓝色的松狮可能拥有蓝或暗蓝灰色的鼻子。

嘴和舌头：嘴唇的边缘为黑色，嘴的大部分组织是黑色，齿龈最好是黑色。嘴巴是蓝色最为理想。舌头的上表面和边缘是深蓝色，颜色越深越好。牙齿坚固有力，剪状咬合。失格：舌头的上表面和边缘是红色或粉红色，或是有红色或粉红色的斑点。

【颈部、背线、身躯】

颈部：强壮有力，饱满，肌肉发达，呈优美的弧拱，脖子的长度要足以使犬在立正时把头昂起于背线之上。

背线：平直，强壮，从马肩隆到尾根保持水平。

身躯：短而结实，肌肉发达、宽、深，腰部放松。身体、背、腰和臀部必须短，以保持方形的体形。胸宽、深，肌肉发达，窄胸和平胸是不能接受的。肋骨闭合紧密，弧度优美，不能是桶状。前肋骨的弧度在较低的那一端变窄，使肩膀和上臂能够平滑地衔接，并紧挨着胸壁。胸基宽而深，向下延伸到肘尖。胸骨的尖部几乎在肩胛的正前方。腰部肌肉发达，强壮，短，宽而深。臀部短而宽，尾部和大腿肌肉强壮，与臀部齐平。尾根高，卷起紧贴背部，与脊椎相连。

严重的缺陷：呼吸沉重或异常（不包括正常的喘气），窄胸或平胸。

【前躯】

肩膀强壮，肌肉发达，肩胛骨的尖端闭合完全。肩线与水平面形成一个大约55°的角，与前臂形成大约110°的角，使得前腿伸展不充分。上臂不能比肩胛骨的长度短。肘关节在胸壁的侧面，肘部不能内翻或外翻。前腿从肘部到脚都是笔直的，骨骼粗壮，但是要与身体其他部分成比例。从前面看，前腿平行，分得很开，与宽阔的前胸相称。脚踝短而直。腰不能塌。足爪圆，紧凑，为标准猫足，脚趾的肉垫很厚，站立很稳。可以去除狼爪。

【后躯】

后躯宽，强壮有力，臀部和大腿肌肉发达，骨骼粗大，前后骨架的分量差不多一样。从后面看，腿笔直，分得很开，与宽阔的盆骨相称。膝关节几乎没有角度，接合紧密稳定，尖端正指向后方，关节的骨头匀称、明显。飞节放松，几乎是笔直的。飞节必须强壮，接合紧密结实，不应弯曲或发生扭转。飞节和后跗骨位于髋关节下方的一条直线上。后跗骨短，与地面成直角。可去除上爪。足爪的标准同前躯足爪的标准。

严重缺陷：膝关节和飞节不健全。

【被毛】

有两种类型的被毛：粗毛和短毛。都应有双层被毛。

粗毛：如果是粗被毛，披毛丰富、浓密、平直、不突出，毛层紧贴身体。表面毛杂乱；底毛柔软、浓密，类似于羊毛。小犬的被毛柔软、浓密，全身的毛都类似羊毛。被毛在头和脖子周围形成了一圈浓密的流苏般的鬃毛，衬托着松狮的头。公犬的被毛和鬃毛一般都比母犬长。尾部的毛为羽状。明显的修饰是不能接受的。可以修剪胡子、脚以及后跗骨部分。短毛：除了外层被毛的数量和分布，短毛松狮的判定标准与粗毛松狮基本相同。短毛松狮有一身硬质、浓密、光滑的外层被毛，以及界限分明的内层被毛。腿上和尾巴上不能有明显的流苏状或羽毛状的毛。

【颜色】

净彩色、纯色或流苏尾巴和毛尖带轻微黑斑的纯色。松狮有五种颜色：红色（淡金黄色至红褐色），黑色，蓝色，肉桂色（浅黄色至深肉桂色）和奶油色。这些颜色的松狮都可以接受，它们的评判标准相同。

【步态】

正确的步态是整齐、有力。一定要矫健、直线行走、灵敏、简洁、迅速、有力，不能显得笨拙。

由于后半身比较直，后腿的步伐短而且不太自然。从侧面可以很容易看到这种独特的不自然的步伐。后腿向上和向前运动，保持一条笔直的，像钟摆一样的路线，臀部轻微反弹，腿既不过于向后伸，也不过于向前伸。后脚推力强劲，后腿最小的角度的动作就能把力量以直线方式传给身体。为了以最高效率将这种力量传到身体前部，躯干必须短，而且中间部分不能有隆起。从后面看，从髋关节到肉趾的骨骼的线条在运动时能保持一条直线。随着速度加快，后腿轻微向内倾斜。膝关节必须指向运动的方向，不能向外，以免形成弯腿或被绊住。从前面看，从肩关节到肉趾的骨骼线条在运动时能保持一条直线。随着运动加快，前腿运动不能完全保持平行，而是会轻微向内倾斜。前腿的运动不能画半圆，或走小碎步，或出现拖沓的步伐。身体前后部分必须保持动态平衡。

松狮的速度不够快，但是耐力优秀，这有赖于笔直有力的后腿提供直接有效的力量。

【气质】

非常聪明，独立的个性及与生俱来的高贵气质使松狮犬看上去不太容易亲近。松狮犬天性保守，对陌生人有洞悉力。有攻击倾向和胆怯的表现是不能接受的。由于松狮犬的眼睛深陷，因此它的视力范围有限，最好在这个范围内接近它。

【总结】

应根据缺陷与上述标准背离程度进行评判。评价松狮犬时，整体结构是基本考虑依据。任何特征过于夸张，导致身体无法保持平衡或稳定都属于严重缺陷。类别一般应包括外貌、性格、各部分的协调性及稳定性，尤其是在运动过程中。应对运动进行必要的强调，这是对松狮犬结构平衡和稳健的最终评测标准。

中国沙皮犬

【简介】

中国沙皮犬是一种警惕性高、身体紧凑的狗，中等体形，正方形轮廓，接合紧密；比例非常协调的头部略显苗条，相对于身躯不显得太大。短而粗糙的被毛，松弛的皮肤覆盖着头部和身躯，小耳朵，"河马式"的口吻，位置很高的尾巴，给予沙皮犬独一无二的特殊外貌。幼犬的头部、颈部和身躯上都覆盖着松弛的皮肤和皱纹，但成年后，这些皱纹可能只局限于头部、颈部和马肩隆等位置。

【体形】

肩高 18~20 英寸。体重 45~60 磅。雄性通常比雌性略大一些，且身躯更接近正方形，但两种性别都非常匀称。沙皮犬的马肩隆到地面的距离与从胸骨前端到臀部后端的距离大致相等。

【头部】

头部大，苗条，但不过分，骄傲地昂着，前额覆盖着大量的皱纹，并且从两侧延伸到脸部。眼睛：颜色深，小，杏仁状，且凹陷，显示出愁眉不展的表情。颜色浅的狗，眼睛的颜色可能也浅。耳朵：极小，较厚，等边三角形，尖端略圆，耳朵边缘卷曲。耳朵靠着头部平躺着，位置高，距离较宽，朝向脑袋前面，尖端指向眼睛。耳朵可以活动。竖立的耳朵属于失格。脸部平而宽，止部适度发达。口吻：宽而丰满，不显得尖细（从鼻尖到止部的距离与从止部到后枕骨的距离大致相等），是这个品种独有的特征之一。鼻镜：大而宽，颜色深，黑色最好，但一般与被毛相称的颜色也可以接受。浅色的沙皮犬，鼻镜的颜色首选自然色。深奶酪色的沙皮犬，鼻镜颜色可能是在鼻镜中心的色素较浅，或整个鼻镜的色素都比较浅。嘴唇和口吻顶部丰满，可能导致其比鼻镜高出一些。舌头、口腔内上半部、牙龈和上唇，蓝黑色是首选（除了浅色外的任何颜色）；浅色沙皮犬的上述部位应该是淡紫色。有粉红色斑点的舌头属于严重缺陷。纯粉红色的舌头属于失格（舌头的颜色可能因为发热而变浅；需要小心照顾，不要使舌头的色素变为粉红色）。牙齿：结实，剪状咬合。背离剪状咬合的都属于严重缺陷。

【颈部、背线、身躯】

颈部：中等长度，丰满，与肩胛结合的位置良好。颈部和喉咙有略显沉重的褶皱、松弛的皮肤和丰富的赘肉。

背线：在马肩隆后面显得略微凹陷，在短而宽的腰部略微上升。水平、拱起或摇摆的背线属于缺陷。

胸部：宽而深，胸底至少延伸到肘部，腰部下方略微上升。背部：短而结合紧密。臀部：平坦，尾巴根部的位置非常高，肛门上翘，明显暴露。尾巴：非常高的尾根位置是沙皮犬独有的特征之一。位置低的尾巴属于缺陷。尾巴在根部显得粗而圆，尖端细，锥形，卷曲在后背或背部的任意一侧。缺乏完整性的尾巴属于失格。

【前躯】

肩胛：肌肉发达，向后倾斜。前肢：从正面观察时，直，距离略宽，肘部贴近身躯。从侧面观察时，直，骹骨结实而柔韧。骨骼坚固，但不沉重，中等长度。前肢狼爪是否切除是可选的。足爪：中等大小，紧凑而稳固，不张开。

【后躯】

肌肉发达，结实，且角度适中。跖骨（飞节）短，从后面观察时，垂直于地面且彼此平行。后肢狼爪必须切除。足爪与前肢的足爪的标准相同。

【被毛】

极度粗硬的被毛是这个品种独有的特征之一。被毛绝对直，且竖立在身体的主要部位，但一般四肢上的毛发平躺着，略显平坦。毛发显得健康，但没有光泽。被毛的长度范围从极短的"马毛"到略长的"刷毛"都可以，马肩隆的毛发长度不能超过1英寸。柔软的被毛、波浪状的被毛、马肩隆的被毛长度超过1英寸，或修剪过的被毛都属于严重缺陷。沙皮犬应该显示出自然的样子。

【颜色】

只有纯色和貂皮色是可以接受的，在评判时，所有颜色相同对待。纯色的狗，身上颜色可能有深浅变化，主要是深色，在背部下方和耳朵上。阴影变化必须与身躯被毛颜色一致，包括遍布被毛的深色毛发。下列颜色属于失格：白化变种；非纯色，例如虎斑色、杂色、斑点色及任何颜色组合。

【步态】

评判沙皮犬的动作主要是看小跑。其步态舒展而平稳，当它快速小跑时，由于地心引力的作用，足爪向身体中心线收拢。步态结合了良好的前躯伸展和强大的后躯驱动力。正确的步态是最基本的。

【气质】

王者之气，警惕，聪明，威严，贵族气质，镇定而骄傲，天性中立而且对陌生人有点冷淡，但将全部的爱都投入家庭中。沙皮犬站在那里，显得平静而自信。

【主要缺陷】

背离剪状咬合。斑点舌头。柔软的被毛、波浪状的被毛、马肩隆的被毛长度超过1英寸，或修剪过的被毛。

柴犬（西巴犬）

【简介】

柴犬是日本本土犬种中最小的一种，最初是作为利用视觉和嗅觉进行捕猎的猎犬，用于日本多山的地形中和浓密的灌木丛中。警惕而敏捷，感觉敏锐。同时，它也是一种非常卓越的看门狗和伴侣犬。它的结构紧凑，肌肉发达。雄性和雌性在外貌上截然不同，雄性明显显得雄壮，但不粗糙；雌性明显显得柔美，但结构上不显得软弱。

【体形】

雄性肩高在 14.5~16.5 英寸；雌性肩高在 13.5~15.5 英寸。理想的肩高是各自性别所允许的肩高范围的中间值。在理想肩高条件下的平均体重，雄性为 23 磅，雌性为 17 磅，雄性肩高与体长的比例约为 10∶11，雌性略长一些。骨量适中。失格：雄性肩高超过 16.5 英寸或低于 14.5 英寸；雌性肩高超过 15.5 英寸或低于 13.5 英寸。

【头部】

表情：自信的凝视。眼睛：形状有点接近三角形，位置深，向上、向耳根外侧倾斜。眼睛颜色为深褐色。眼圈为黑色。耳朵：三角形，稳固地竖起，较小，但与头部及身躯的比例恰当。耳朵的距离分得较开，直接向前倾斜，倾斜的耳朵背面与圆拱的颈部融合。脑袋：中等大小，与身躯的比例恰当。前额：宽而平坦，有轻微的凹槽。止部：适中。口吻：稳固、丰满、圆，结实的下颌从面颊向前突出。鼻梁很直，从止部到鼻尖呈轻微的锥形。口吻的长度占整个头部长度（从后枕骨到鼻镜的距离）的 40%。保持完整的胡须比较理想。嘴唇紧，且为黑色。鼻镜为黑色。咬合为剪状，齿系完整，牙齿结实、整齐。

严重缺陷：缺齿 4 颗或更多，属于非常严重的缺陷。

失格：上颚突出式咬合或下颚突出式咬合。

【颈部、背线、身躯】

颈部：粗壮，强健，长度适中。背线：直、水平（到尾根处为止）。身躯：干燥且肌肉发达，没有任何行动迟缓或粗糙低劣的样子。前胸非常发达。胸部深度：从马肩隆到胸骨最低点的距离大约为肩高的一半或略小一点。肋骨：适度支撑，腹部稳固而上提。背部：稳固。腰部：结实。尾巴：粗壮而有力，以镰刀状或卷曲状卷在背后。松弛的单卷或镰刀状尾巴，尾尖指向颈部，几乎与背部平

行的姿势是首选的。双卷或镰刀状，尾尖指向上方是可以接受的。尾巴的长度为，如果将尾巴弄直，能延伸到飞节。尾巴位置高。

【前躯】

肩胛骨和上臂骨之间的角度适中，且长度几乎相等。肘部贴近身躯，既不向内弯，也不向外翻。前腿和足爪适度分开，直且彼此平行。骹骨略微倾斜。前肢狼爪是否切除是可选的。足爪类似猫足，脚趾圆拱、紧凑，脚垫厚实。

【后躯】

后躯角度适中，与前躯角度相称。后腿结实，自然姿态下距离较宽。飞节结实，既不向内弯，也不向外翻。第一节大腿长，第二节大腿短，但非常发达。没有狼爪。足爪与前躯的足爪的标准相同。

【被毛】

双层被毛，外层披毛直而僵硬，内层底毛柔软而厚实。脸部、耳朵和腿部的毛发短而平。身躯上的防护性被毛直立着，马肩隆的毛发长度在 1.5~2 英寸之间。尾巴上的毛发略长，且直立，像刷子形。在比赛中，柴犬以自然姿态出现是首选的，修剪被毛将受到严厉的处罚。严重缺陷：过长或羊毛质的被毛。

【颜色】

关于被毛颜色的描述如下，底毛颜色为奶酪色、浅黄色和灰色。Urajiro 色指奶酪色到白色，下列区域必须出现这种颜色：口吻两侧，面颊，耳朵内，下颌，喉咙上部及腿部内侧，腹部及肛门周围，尾巴侧面。红色：一般在喉咙和胸部。黑色和芝麻色：一般呈三角形斑纹出现在前胸两侧。所有颜色中，眼睛上方出现白色斑点是允许的，但不理想。

亮橘色：红色带有 Urajiro 色，具有类似狐狸的外貌，整洁的红色为首选，但背部和尾巴带有少量黑色绒尖也是允许的。

黑色带有棕色及 Urajiro 色。黑色毛发倾向于褐色，而不是蓝色。

底毛为浅黄色或灰色。黑色与棕色之间的边界显得整齐清晰。棕色部位如下：眼睛上方有两个卵形斑点；口吻两侧，在黑色鼻梁和白色面颊之间；前肢外侧，从手腕或略高的位置延伸到脚趾；后腿外侧，从膝关节开始变宽到前面，经飞节延伸到足爪，但后骹骨不排除黑色。脚趾有黑色铅笔纹是允许的。在耳朵内和尾巴下方也能发现棕色毛发。

芝麻色（在丰富的红色底色上带有黑色绒尖）带有 Urajiro 色。绒尖轻盈，均匀分布在身躯和头部，没有黑色聚集的区域。芝麻色区域看起来至少有一半是红色的。芝麻色可能在前额顶部形成短行，保留红色的鼻梁和口吻两侧，眼睛上的斑点和腿下半部也是红色的。整洁的白色是允许的，但不是必须的。白色斑纹出现在尾巴尖，形成短袜，从前肢足爪至肘部，从后肢足爪到膝关节。火焰状斑纹出现在喉咙、胸部是允许的，加入 Urajiro 色中。严重缺陷：奶酪色、白色杂斑及没有在前面详细描述的其他颜色斑纹，都属于缺陷，并将在比赛中受到处罚。

【步态】

动作敏捷、轻盈而有弹性。小跑时，腿部向身躯中心线收拢，背线保持稳固、水平。前躯伸展和后躯驱动都显得适度而有效。在比赛中，柴犬的步态是在放松牵引绳的情况下的活泼的小跑。

【气质】

英勇大胆，非常纯朴，不矫揉造作，坦白，这些特点共同产生一种高贵且自然美好的性格。柴犬具有独立的天性，对陌生人有所保留，但对于得到它尊重的人则显得忠诚而挚爱。有时会攻击其他狗，所以柴犬必须由牵犬师严格控制。任何攻击牵犬师或裁判的意图及过度羞怯都属于严重缺陷。

第六节 牧羊犬 >>>

德国牧羊犬

【简介】

德国牧羊犬曾叫狼犬，体形发达，为最具有才能的工作犬种。它在世界各地担任各种不同的工作，曾被用作警卫犬、搜查犬、导盲犬、农夫的牧羊犬等，同时还是极受欢迎的家庭犬。对饲养者忠诚，可与其建立亲密关系。

有关德国牧羊犬的祖先说法不一，只能确认此犬在1880年已经在德国定居下来。此犬一向被用来牧羊，第一次世界大战时随德军作战，表现突出。后来被带到美国及英国，因为于1920年及1950年在电影中出现而名声大振。

德国牧羊犬聪明，值得信赖，幼犬时就开始训练，可成为全家顺从、忠实的伴侣。饲养者必须对德国牧羊犬精心注意，该犬无论在精神上还是在体力上都属非常有活力的动物。

一条好的德国牧羊犬给人的印象是结实、敏捷、肌肉发达、警惕且充满活力。它非常平稳，前后躯非常和谐。体长略大于身高，身躯很深，身体轮廓的平滑曲线要胜于角度。身躯坚固而非细长，既不显得笨拙，也不显得软弱。理想的德国牧羊犬素质良好，具有无法形容的高贵感，但一眼就能分辨出来，不会弄错。性别特征非常明显，或显得雄壮，或显得柔美。

【体形】

雄性的理想肩高 24～26 英寸；雌性的理想肩高 22～24 英寸。德国牧羊犬的体长略大于身高，理想的比例为 10：8.5，身体长度的测量方法是从胸骨到骨盆末端的坐骨突起处。理想的身躯长度不是单由背部的长度提供，而是整体长度（匀称的比例，与高度协调），从侧面观察，身躯长度的组成包括前躯的长度、马肩隆的长度、后躯长度。

【头部】

头部高贵，线条简洁，结实而不粗笨，但是整体不能太过纤细，要与身躯比例协调。雄性的头部明显地显示出雄壮，而雌性的头部明显地显示出柔美。

表情：锐利、聪明、沉着。眼睛：中等大小，杏仁形，位置略微倾斜，不突出。颜色尽可能深。耳朵：略尖，与脑袋比例匀称，向前关注时，耳朵直立，理想的姿势（耳朵姿势）是，从前面观察，耳朵的中心线相互平行，且垂直于地面。剪耳或垂耳都属于失格。从前面观察，前额适度圆拱，脑袋倾斜且长，口吻呈楔形，止部不明显。口吻：长而结实，轮廓线与脑袋的轮廓线相互平行。

鼻镜：黑色。如果鼻镜不是彻底的黑色属于失格。嘴唇非常合适，颌部非常坚固。牙齿：42 颗牙齿，20 颗上颚牙齿和 22 颗下颚牙齿，牙齿坚固，剪状咬合。上颚突出式咬合或钳状咬合不符合需要，下颚突出式咬合属于失格。齿系完整。除了第一前臼齿，缺少其他牙齿都属于严重缺陷。

【颈部、背线、身躯】

颈部结实，且肌肉发达，轮廓鲜明且相对较长，与头部比例协调，且没有松弛的皮肤。当它关注或兴奋时，头部抬起，颈部高高昂起，否则，典型的姿势是颈部向前伸（支撑着头部），而不是向上伸，使头部略高于肩部，尤其是在运动时。背线：马肩隆位置最高，向后倾斜，过渡到平直的后背。后背直，非常稳固，没有下陷或拱起。后背相当短，与整个身躯给人的印象是深而可靠，但不笨重。胸部：开始于胸骨，丰满，且向下到两腿之间。胸深而宽，不浅薄，给心脏和肺部足够的空间，向前突出，从轮廓上观察，胸骨突在肩胛之前。肋骨：扩张良好且长，既非桶状胸，也非平板胸。肋骨向下延伸到肘部位置。正确的肋骨组织，在狗小跑时，能允许肘部前后自由移动。过圆的肋骨会影响肘部的运动，且使肘部外翻；过平或过短的肋骨会造成肘部内弯。肋骨适当向后，使腰部相对较短。腹部稳固，没有大肚子。下腹曲线只在腰部适度上提。

腰部：从上面观察，宽且强壮。从侧面观察，如果从最后一节肋骨到大腿的长度不合理，是不符合要求的。臀部：长且逐渐倾斜。尾巴：毛发浓密，尾椎至少延伸到飞节。尾巴与臀部结合平滑，位置低，不能太高。休息时，尾巴直直地下垂，略微弯曲，呈马刀状，又呈轻微的钩子状，有时歪向身体一侧，属于缺陷（会破坏整体外观的程度）。当狗在兴奋时或运动中，曲线会加强，尾巴突起，但绝不会卷曲到超过垂直线。尾巴短或末端僵硬都属于严重缺陷。断尾属于失格。

【前躯】

肩胛骨长而倾斜，平躺着，不很靠前。上臂与肩胛骨构成一个直角。肩胛与上臂都肌肉发达。不论从什么角度观察，前肢都是笔直的，骨骼呈卵形而不是圆形。骹骨结实而有弹性，与垂直线成25°角。前肢的狼爪可以切除，但通常保留。足爪短，脚趾紧凑且圆拱，脚垫厚实而稳固，趾甲短且为暗黑色。

【后躯】

从侧面观察，整个大腿组织非常宽，上下两部分大腿都肌肉发达、稳固，且最大限度地接近直角。上半部分大腿骨与肩胛骨平行，而下半部分大腿骨与上臂骨平行。跗骨（飞节与足爪之间的部分）短、结实且结合紧密。如果后肢有狼爪，必须切除。足爪与前肢的足爪的标准相同。

【被毛】

理想的狗有中等长度的双层被毛。外层披毛尽可能浓密，毛发直、粗硬且平贴着身体。略呈波浪状的被毛，通常是刚毛质地的毛发，是允许的。头部（包括耳朵内）、腿和脚掌上都覆盖着较短的毛发，颈部的毛发长而浓密。前肢和后腿后方，毛发略长，分别延伸到骹骨和飞节。缺陷：被毛柔软；丝状被毛；外层披毛过长；羊毛质地的被毛；卷曲的被毛；敞开的被毛。

【颜色】

德国牧羊犬的颜色多变，大多数颜色都是允许的。浓烈的颜色为首选。黯淡的颜色、褪色、蓝色及肝色为严重缺陷。白色狗为失格。

【气质】

德国牧羊犬有非常明显的个性特征：直接、大胆，但无敌意。表情：自信，明显的冷漠，使它不那么容易接近和建立友谊。这种品种必须平易近人，平静地站在那里，显得很有信心，乐于接受安排，不固执。它应该泰然自若，但机会允许，它会显得热情而警惕，有能力作为伴侣犬、看门犬、导盲犬、牧羊犬或护卫犬，不论哪种工作，它都能胜任。它绝不能显得胆小、羞怯，躲在主人或牵犬师背后；绝不能显得神经质，四处张望、向上看或显出紧张不安的情绪，如听到陌生声音或见到陌生事物，就夹起尾巴；在任何环境都

缺乏信心，是心理素质不好的表现。缺乏良好的气质属于严重缺陷，最好让它离开比赛现场。必须允许裁判检查它的牙齿、睾丸等部位。有任何咬裁判的企图都属于失格。理想的德国牧羊犬应该是一种不易收买的工作犬，其身体构造和步态能使它完成非常艰巨的任务。

苏格兰牧羊犬

【简介】

苏格兰牧羊犬是一个坚毅、结实、积极、活泼的品种，意味着它没有无价值的地方。自然站立时，整齐而稳固。深且宽度适中的胸部显示出力量，倾斜的肩胛和适度弯曲的飞节显示出速度和优雅，脸部显示出非常高的智商。苏格兰牧羊犬给人的印象深刻，是自信的化身，代表真正的和谐，每一部分都与其他部分及整体构成完美、和谐的比例。除了在这个标准中所描述的技术细节，繁殖者和裁判脱离标准也能判断出苏格兰牧羊犬的优劣，其实这很简单，只要没有任何一个部分与其他部分有比例不协调之处就对了。胆怯、脆弱、易怒、缺少生气、外观笨重、缺乏整体平衡都会削弱苏格兰牧羊犬的整体外观得分。

【头部】

头部是至关重要的部分。与整体结构比例协调的头部应该显得轻盈，绝不显示出任何沉重的迹象。沉重的头部无法表现出欢快、警惕、充满理性等必要的表情。不论从前面还是从侧面观察头部，共同之处在于都可以明显地观察到倾斜的楔形。轮廓清晰、平顺、精致且比例协调。从侧面观察，从耳朵到黑色鼻镜方向，头部逐渐变细，但后脑不向外扩张（厚脸皮），口吻也没有突然变窄的样子（像被截断的口吻）。观察脑袋的轮廓和口吻的轮廓，是两条大致平行的直线，长度大致相等，被一个非常轻微但可察觉的止部分隔开。

两个内眼角的中点（止部的中点）正好是整个头部长度的中点。平
滑且丰满的口吻末端，形状
比较钝，但不能呈直角形。
下颚结实，轮廓清晰，深度
（从眉骨到下颚的距离）不
夸张。牙齿排列整齐，剪状
咬合。上颚突出式咬合及下
颚突出式咬合都属于缺陷，

在比赛中后者会受到更严厉的处罚。眉骨突出（非常轻微）。脑袋平
坦，既不向侧面退缩，也不向后面退缩，且后枕骨也不非常突出。
合理的后脑必须依赖脑袋和口吻的长度所构成，同时，后脑的宽度
要小于长度。因此，不同的个体，正确的宽度是不同的，必须依赖
于口吻的长度及宽度。由于头部特征是非常重要的，所以明显的头
部缺陷会使狗在比赛中受到严厉的处罚。

【眼睛】

由于头部由平坦的脑袋、拱形的眉毛、轻微的止部、圆形的口
吻组成，所以前额必须轮廓分明，留给眼窝的位置只能略微倾斜，
这样才能有比较好的前方视野。除了芸石色犬，眼睛的颜色必须匹
配。眼睛形状为杏仁形，中等大小，既不太大，也不突出。眼睛的
颜色为暗黑色，不能因为瞳孔周围有黄圈或瞬膜显露出来，而影响
了狗的表情。眼睛清澈、欢快，显示出聪明、好奇，尤其是当耳朵
竖起，非常警惕的时候。芸石色的狗，深褐色的眼睛最为理想，但
是两个眼睛或单个眼睛为蓝色或灰色是允许的。大、圆、突出的眼
睛会严重影响狗的甜蜜表情，属于缺陷。参加比赛的狗会因为眼睛
的缺陷受到严厉处罚。

【耳朵】

耳朵的尺寸应该与头部有正确的比例，耳朵天生呈准确的半立

耳姿态是很少见的。耳朵过大，通常无法举起，即使能举起，它们的尺寸与头部的比例也不协调。休息时，耳朵向前折叠，呈半立耳姿态。警惕时，耳朵会在脑袋上竖起，保持 3/4 部分是直立的，1/4 的耳朵向前折叠。在比赛中，如果狗的耳朵为立耳或耳朵位置太低，而无法显露出正确的表情，将会因此受到处罚。

【颈部】

颈部稳固，整洁，肌肉发达，有大量饰毛。长度恰当，竖直向上举着，颈背略微圆拱，显示出自豪，直立的姿态可以更好地展示饰毛。

【身躯】

身躯稳固、坚实且肌肉发达，比例上，体长略大于身高。肋骨扩张良好，在适度倾斜的肩胛之后，胸部深，深度达到肘部。背部结实且水平，由有力的臀部和大腿支撑着。臀部倾斜，形成一个漂亮完美的圆弧形。腰部有力且圆拱。在比赛中，过度肥胖、缺少肌肉、皮肤病、由于健康条件不好而缺少底毛都属于缺陷并会受到适当惩罚。

【腿部】

前肢直且肌肉发达，骨量充足，与整体协调。不应该显得笨重。前肢距离太近或太远都属于缺陷。前臂适度丰满，而骹骨柔韧但不软弱。后腿不那么丰满，大腿肌肉发达且非常有力，飞节和膝关节适度倾斜。牛肢或后膝关节过直都属于缺陷。足爪相当小，呈卵形。脚垫厚实而坚韧，脚趾圆拱且紧密。当苏格兰牧羊犬不运动时，允许为它摆造型（按自然站立的姿势，将前后肢都分开恰当的距离，足爪都笔直向前）。但过分摆造型是不合需要的。

【尾巴】

尾巴长度适中，能延伸到飞节或更低处。当它休息时，尾巴下垂，但尾巴尖向上扭曲或呈旋涡是这个品种的特点。当狗在运动或兴奋时，尾巴欢快地举起，但不应该高过背平面。

【被毛】

合身且质地正确的被毛，对粗毛苏格兰牧羊犬而言，是无比的光荣。除了头部和腿部，其余位置的毛发都非常丰厚。外层披毛直，触觉为粗硬。如果外层披毛柔软、敞开或卷曲，那么不论毛量如何，都属于缺陷。底毛柔软、浓厚、紧贴身体，以至于分开毛发都很难看见皮肤。鬃毛和饰毛的毛发都非常丰富。脸部毛发短而平滑。前肢毛发短而平滑，铰骨后方长有羽状饰毛。后腿在飞节以下部分的毛发短而平滑。比赛中，飞节以下部分的羽状饰毛都需要修剪掉。尾巴上的毛发异常丰厚，且臀部的毛发也又长又浓密。被毛质地、毛量及范围（被毛"合身"于否）都是非常重要的评判标准。

【颜色】

有四种颜色是被承认的，分别是黄白色、三色、芸石色、白色。四种颜色没有优劣之分。黄白色是以黄色（驼色，深浅程度从浅金色到暗桃木色不等）为主，带白色斑纹。白色斑纹主要出现在胸部、颈部、腿、足爪、尾巴尖等位置。前额和脑袋可能出现白筋（两处都有或只有一处）。三色是以黑色为主要颜色，与黄白色一样带有白色斑纹，在头部和腿部有茶褐色阴影。芸石色是杂色或大理石色，通常是蓝灰色和黑色为主要颜色，与黄白色一样带有白色斑纹，通常带有与三色一样的茶褐色阴影。白色是以白色为主，最好带有黄色、三色或芸石色斑纹。

【步态】

步态坚实。当狗以慢速小跑，面对裁判跑来时，可以观察到前肢很直，足爪在地面的落点非常贴近。肘部不向外翻，没有"交叉"

步，步伐没有起伏，也没有踱步，更没有滚动式步态。从后面观察时，后腿直，足爪在地面的落点非常靠近。在中速小跑时，后腿提供了强大的驱动力。从侧面观察，步幅大，前肢的伸展非常顺畅而平滑，使背线保持水平和稳固。当速度增加后，苏格兰牧羊犬的足迹趋向于单一轨迹，就是说，前肢从肩部开始呈一直线，向身体中心线倾斜；后肢从臀部开始呈一直线，向身体中心线倾斜。作为牧羊犬，其要能在行进中随意改变速度，并且有能力在瞬间改变行进方向。

【大小】

雄性肩高为 24~26 英寸，体重 60~75 磅。雌性肩高为 22~24 英寸，体重 50~65 磅。在比赛中，针对身高或体重超过标准或不足标准的苏格兰牧羊犬，将根据其背离的程度进行扣分。

【表情】

表情是评价苏格兰牧羊犬的最重要指标之一。表情不像颜色、体重、身高等具体物理特征，很难用抽象的词汇很学术地描述出来，也很难用图形表达。但是，脑袋与口吻的比例、位置、尺寸、形状，眼睛的颜色、位置、大小，耳朵的方向等还是可以描述的。表情所表达的情绪或许与其他品种完全不同。所以，苏格兰牧羊犬的表情至今在比赛中仍无法准确评判，需要谨慎对待。

第二章
犬的饲养常识

第一节 犬的基本营养需要 　　　　　　　 >>>

水

　　水是犬所必需的营养物质之一。成年犬躯体约含有 60% 的水，幼犬的比例更高。体内所有的生理活动和各种物质的新陈代谢都必须有水的参加才能顺利进行。构成机体的细胞和组织吸收了大量的水，才能具有一定的形态、硬度和弹性；营养物质的吸收和运输，代谢产物的排出，均需在相关物质溶解在水中之后才能进行；水的比热高，因而吸收热量高，机体代谢过程中产生的热量经水带到皮肤或肺部散发，具有调节体温的作用等。而且犬的身体没有特殊的贮藏水的能力，失水会比断食更快地引起死亡。当犬体内水分减少8% 时，犬即会出现严重的干渴感觉，食欲降低，消化减缓，并因黏膜的干燥而降低对传染病的抵抗力。长期饮水不足，将导致血液黏稠，造成循环障碍，当因缺水而使体重消耗 20% 时，可能导致死亡。因此，必须给犬提供充足的饮水。在正常情况下，成年犬每天每千克体重约需要 100 毫升水，幼犬每天每千克体重需要 150 毫升水。高温季节、运动以后或饲喂较干的饲料时，应增加饮水量。实际喂养中可全天供应饮水，任其自由饮用。

蛋白质

蛋白质是犬生命活动的基础，是体内除水分以外含量最多的物质，约占犬干重的一半。体内的各种组织器官，参与物质代谢的各种酶类，使机体免于得病的抗体等都是由蛋白质组成的。在修复创伤，更替衰老、被破坏的细胞组织时，也都需要蛋白质。因此，蛋白质是犬不可或缺的营养物质。

构成蛋白质的基本物质是氨基酸，有20多种。饲料中的蛋白质必须降解成氨基酸后才能被机体吸收利用。氨基酸可分为必需氨基酸和非必需氨基酸。必需氨基酸是指体内不能合成或是合成速度慢及合成量不能满足生长需要，必须从食物中获取的氨基酸。犬的必需氨基酸有9种。非必需氨基酸是指在体内可以合成，能满足需要，而不一定要从饲料中获取的氨基酸。但是非必需氨基酸是由其他氨基酸转化而来的，如果饲料中缺乏非必需氨基酸，必然要用必需氨基酸来合成，这样就增加了必需氨基酸的消耗量和需要量，所以也不能轻视非必需氨基酸的重要性。评价饲料中含有的蛋白质，不但要看其数量，还应看各种氨基酸的组成状况。

蛋白质或某些必需氨基酸供给不足，会使犬体内蛋白质代谢变为负平衡，引起犬食欲下降、生长缓慢、体重减轻、血液内蛋白质含量降低，使抗体的形成受到影响，使免疫力降低。蛋白质或某些必需氨基酸供给不足，还会使公犬精液品质下降、精子数量减少；母犬发情异常、不受孕，即使受孕，也常因发育不良而出现死胎或畸胎。但过量饲喂蛋白质不但造成浪费，也会引起体内代谢紊乱，使心脏、肝脏、消化道、中枢神经系统机能失调，性机能下降，严重时还会发生酸中毒。一般情况下，成年犬每天每千克体重约需4.8克蛋白质，而生长发育时期的幼犬约需9.6克。

脂肪

脂肪是机体所需能量的重要来源之一。每克脂肪充分氧化后，可产生 39.3 千焦热量，比糖类和蛋白质都高。犬体内脂肪的含量为其体重的 10%~20%。脂肪也是构成细胞、组织的主要成分，又是脂溶性维生素的溶剂，促进维生素的吸收利用，贮于皮下的脂肪层具有保温作用。脂肪进入体内逐渐降解为脂肪酸而被机体吸收。大部分脂肪酸在体内可以合成，但有一部分脂肪酸不能在机体内合成或合成量不足，必须从食物中补充，称为必需脂肪酸，如亚油酸、花生四烯酸等。当饲料中缺乏时，会引起严重的消化障碍，以及中枢神经系统的机能障碍，出现倦怠无力、被毛粗乱、缺乏性欲、睾丸发育不良或母犬发情异常等现象。但脂肪贮存过多，会引起发胖，同样也会影响犬的正常生理机能，尤其对生殖活动的影响最大。幼犬日需脂肪量为每千克体重 1.1 克，成年犬每日需要的脂肪量按饲料干物质计算，以含 12%~14% 为宜。

糖类

糖类在体内主要用来供给热量，维持体温，并作为各种器官工作时和运动中能量的来源。多余的糖类在体内可转变成脂肪而贮存起来。当犬体内或所摄入的糖类不足时，就要动用体内的脂肪，甚至蛋白质来供应热量，犬会因此消瘦，不能进行正常的生长和繁殖。成年犬每日需要的糖类可占饲料营养素参考值的 75%，幼犬每日需要的糖类为每千克体重约 17.6 克。

维生素

维生素是动物生长和保持健康所不可缺少的营养物质，其量虽极微，却担负着调节生理机能的重要作用。维生素可以增强神经系统、血管、肌肉及其他系统的功能，参与酶系统的组成。如果缺乏，将使体内必需的酶无法合成，从而使整个代谢过程受到破坏，犬就会衰竭死亡。饲料中维生素过多时，同样可产生过多症。犬体内只能合成小部分的维生素，大部分维生素需从饲料中获得。

维生素的种类很多，按其溶解性可分为两大类。能溶于水的维生素称为水溶性维生素，包括 B 族维生素、胆碱、肌醇、维生素 C 等。能溶于脂肪的叫脂溶性维生素，有维生素 A、维生素 D、维生素 E、维生素 K 等。水溶性维生素一般不会发生过多症，即使过量摄取，多余的部分也会被迅速排泄。而脂溶性维生素，除维生素 E，较易发生过多症。因此，在配制饲料时，要特别注意脂溶性维生素的供给量。

无机盐

无机盐不产生能量，但它们是动物机体组织细胞，特别是骨骼的主要成分，是维持酸碱平衡和渗透压的基础物质，并且还是许多酶、激素和维生素的主要成分，在促进新陈代谢、血液凝固、神经调节和维持心脏的正常活动中，都具有重要作用。

犬所需的主要无机盐有钙、磷、铁、铜、钴、钾、钠、氯、碘、锌、镁、锰、硒、氟等。如果无机盐供给不足，会引起发育不良等多种疾病；有些无机盐如果严重缺乏，会直接导致死亡。

第二节 饲料的分类与营养价值 〉〉〉

动物性饲料

动物性饲料是指来源于动物机体的一类饲料，包括畜禽的肉、内脏、血粉、骨粉、乳汁等。因其含有比较丰富而且质量高的蛋白质，所以又叫蛋白质饲料。

对犬来说，肉是最可口的饲料，所含的蛋白质不但量多，而且氨基酸比较全面，易于消化。例如，猪肉、牛肉、羊肉、鸡肉、兔肉的蛋白质含量均为 16% ~ 22%，鱼肉中的蛋白质含量为 13% ~ 20%，鸡蛋中的蛋白质含量约 12.6%。犬的饲料中必须要有一定数量的动物性饲料，才能满足犬对蛋白质的需要。动物性饲料还含有丰富的铁及 B 族维生素。有人认为，肉类中以马肉为佳，蛋白质含量多，脂肪比较少，易消化而且经济。用肉类喂犬成本费用较高，利用动物的内脏或屠宰场的下脚料，如肝、肺、脾、碎肉等，也完全可以满足犬对蛋白质的需要。

鱼肉、鱼骨几乎能被犬全部利用，也是比较理想的动物性饲料。但鱼肉容易变质，有些鱼肉内还含有破坏 B 族维生素的酶。因此，鱼肉一定要新鲜，并且要煮熟，将酶破坏后再喂。

植物性饲料

植物性饲料种类繁多，来源方便，价格低廉，是犬的主要饲料，包括农作物的籽实，如大米、大豆、玉米、麦子、土豆、红薯等；农作物加工后的副产品，如豆饼、花生饼、芝麻饼、向日葵饼、麦麸、米糠；蔬菜等。

小麦、大米、玉米、高粱等谷物中含有大量的糖类，能提供能量，是主要的基础饲料。缺点是蛋白质含量低，氨基酸的种类少，无机盐和维生素的含量也不高。

大豆、豆饼、花生饼、向日葵饼、芝麻饼等有较高含量的蛋白质，可弥补前类饲料中蛋白质不足的缺点。但这些植物性蛋白质中必需氨基酸含量少，因而其营养价值远不如动物性蛋白质。因此，应以动物性蛋白质为主。

植物性饲料中含有较多的纤维素。纤维素虽不易消化，营养价值也不大，但有重要的生理意义。纤维素在体内可刺激肠壁，有助于肠管的蠕动，对粪便的形成有良好的作用；并可减少腹泻和便秘的发生。

第三节 关于犬日粮 >>>

犬在一昼夜内所采食的各种饲料的总量称为犬日粮。国外养犬多喂商品饲料，可从市场上选购。这种饲料是用科学方法配制而成的全价饲料，适口性好，营养全面，容易被消化吸收，使用也非常方便。一般分为3种类型：干型饲料、半湿型饲料和湿型（罐装）饲料。干型饲料含水量低，有颗粒状、饼状、粗粉状和膨化饲料，这种饲料不需冷藏就可长时间保存，饲喂时要提供充足的饮水。半湿型饲料含水量为20%~30%，一般做成小饼或粒状，密封口袋包装，本身有防腐剂，不必冷藏，但开封后不宜久存。湿型（罐装）饲料含水量为74%~78%，通常制成各种犬食罐头，营养成分齐全，适口性好，是最受欢迎的犬饲料。

另外，各种饲料在饲喂前要经过一定的加工处理，以增加饲料的适口性，提高犬的食欲和饲料的消化率，防止有害物质对犬造成伤害。

生肉或内脏要用水洗净，切碎煮熟，再混入蔬菜，短时间煮沸，使之成为混合型的肉菜汤。

蔬菜应充分冲洗，除去泥沙。不能用生肉和生菜喂犬，以防引起寄生虫病和传染病，但又不宜长时间煮，以免损失大量的维生素。米类不宜多次过水，以充分利用养分。

第四节 犬的喂养

喂养要定时、定量

定时是指每天饲喂时间要固定，不能提前拖后。定时饲喂可使犬每到喂食时间胃液分泌和胃肠蠕动就有规律地加强，饥饿感加剧，使食欲大增，对采食及消化吸收大有益处。如果不定时饲喂，则将破坏这一规律，不但影响采食和消化，还易患消化道疾病。

定量是指每天饲喂的饲料量要相对稳定，不可时多时少，防止犬吃不饱或暴饮暴食。但要注意不同个体间的食量可能有很大差异，一般情况下，不同体重的犬每天的饲喂量还要靠饲养者自己的观察来确定。

定食具、定场所

犬进食的特点是简单地咀嚼食物，囫囵吞下，尤其是在几只犬共用一个食盆时这种现象更为突出。因此，每只犬应固定用一个食盆，不要串换，防止传播疾病。食盆要大一点，每次添食不要过多，以盖住盆底为宜，让犬舔食，吃完再添，使其养成不剩食的习惯。犬有在固定地点睡觉、进食的习性，所以，喂食的场所要相对固定。有些犬在更换饲喂场所以后常拒食或食欲明显下降。

掌握好食物的温度

饲料的温度以 40℃ 左右为佳，避免过冷或过热。但在炎热的夏季可给予冷食，冬季必须加温，当食物的温度超过 50℃ 时，犬有可能拒食。

注意卫生

食具要定期消毒，饲料应现做现吃，最好不过夜，发霉变质的食品不能再喂犬。喂食前后要停止做剧烈运动，饮用水要用清洁的自来水或井水，不能用厨房里的泔水和地表积水，以免引起食物中毒、寄生虫的侵袭和消化器官疾病。

注意观察犬的进食状况

影响犬食欲的原因很多，但主要的有以下 3 点：

（1）饲料方面 一是因饲料单一、不新鲜、有异味等，犬不愿采食。二是饲料中含有大量化学调味品，或含芳香、辣味等刺激性气味的物质，以及特别甜或咸的食物，均会影响犬的食欲。

（2）喂食的场所不合适 如喂食的场所有强光，喧闹，几只犬在一起争食，有陌生人在场或其他动物干扰等。

（3）疾病 如上述原因都排除了而食欲仍不见好转，应考虑疾病问题，要注意观察犬体各部有无异常表现，发现问题，及时请兽医诊疗。

第五节 幼龄犬的喂养 　　　　　　　　>>>

在犬的一生中，幼龄时期是生长发育最快、可塑性最大，也是发病和死亡概率最大的阶段。因此，这个阶段的饲养管理要求最高，我们必须了解幼犬的生长发育规律和生理特点，给以科学的饲养，再配合相应的管理和锻炼，加速幼犬的生长和发育，以获得所需品种的优良仔犬。

新生仔犬的喂养

仔犬一生出来立刻会吸奶，应让仔犬躺在母犬身边，以便吮乳。

如果一胎生崽较多，应将体质较弱、瘦小的仔犬（通常是最后生出的仔犬）放到后两对奶头上吮乳，反复数次后，每只仔犬就会有固定的奶头。

要让新生仔犬吃到足够的初乳，因为初乳中含有丰富的蛋白质和维生素，还有较高含量的镁盐、抗氧化物及酶、激素等，具有缓泻和抗病作用，有利于胎便的排出；初乳的酸度较高，有利于促进消化道的活动；初乳中的各种营养物几乎可以被全部吸收，这对增强仔犬体质，产生热量维持体温极为有利。

更值得一提的是，初乳中含有母犬的多种抗体（母源抗体），能使仔犬获得抗病能力，因此，应尽早（仔犬出生后的 0.5～1 小时内）让新生仔犬吃到初乳。

新生仔犬突然离开母体子宫和外界接触，这时体温及肺呼吸的情况变化最大。

新生仔犬的体温较低（生后 1～2 周内体温是 34.5～36℃），也无颤抖反射，完全依赖外部的热源（如母体）来维持正常体温，因此，必须保温（1 周内死亡的仔犬中因寒冷所致的约占 50%）。到 6 周龄时仔犬已有颤抖反射和自己调节体温的功能，眼睛在 10～16 日龄睁开，耳朵在 15～17 日龄张开，呼吸频率加快，这些都有助于促进和保持较高的体温。在 2～6 周龄体温上升到 36～39℃，4 周龄以后接近成年犬体温。

要加强对仔犬的监护，防止因母犬挤压、踩踏、遗弃和饥饿（奶水少不让仔犬吃食）而造成仔犬死亡。有的仔犬刚生下就不会呼吸及叫唤，即出现假死现象，此时可将头部向下，左右摇摆犬体，

用吸球吸出仔犬口鼻内的羊水，用酒精棉球擦拭鼻孔黏膜及全身，并轻轻地有节律地按压胸壁，通常用人工呼吸持续 3~4 分钟后仔犬就能开始自行呼吸。此时将仔犬放入 39℃温水中，洗去身上的秽物，再用毛巾擦干，放入保温箱即可。

幼龄犬的喂养

幼龄时期是犬生长发育的主要阶段，身体增长迅速，因而必须供给充足的营养。一般出生后头 3 个月主要是增长躯体和体重，4~6 个月主要是增加体长，7 个月后主要长体高。因此，应按不同的发育阶段，配制不同的日粮。断奶后的幼犬，由于生活条件的突然改变，往往显得不安，食欲不振，容易生病，这时所选的饲料要适口性好，易于消化。3 个月内的幼犬每天至少喂 4 次。对于食欲差的犬可采用先喂次的、后喂好的，少添勤喂的方法。先次后好可保持犬的食欲旺盛，少添勤喂可使犬总有不饱之感，不至于厌食、挑食。4~6 月龄的幼犬，食量增大，体重增加很快，每日所需饲料量也随之增多，每天至少喂 3 次。6 月龄后的犬，每天喂 2 次即可。

喂养新购幼犬，应先按原犬主的食谱喂，逐渐转换食谱。对 3 个月以内的幼犬应喂以稀饭、牛奶或豆浆，并加入适量切碎的鱼、肉类以及切碎煮熟的青菜。为了降低饲料成本而又不影响幼犬的营养，可将猪、牛肺脏之类的脏器煮熟切碎后，与青菜、玉米面等熟食混匀后喂犬，这样既经济，犬又爱吃。

在幼犬的饲养过程中，水是绝对不可少的东西，应经常放一盆清水于固定的场所，以便幼犬在吃食及运动前后任意饮用。如果犬从小能饮足够的清洁水，就可发育正常，胃肠健康。尤其在夏秋季节，天气炎热，体内水分蒸发很快，特别是爱活动的幼犬，如不及时补充水分，常易引起组织内缺水，甚至引起脱水而影响犬的健康，最好在每次日常运动后让犬喝些葡萄糖水（1~2汤匙葡萄糖粉，加入适量的清洁水）。

幼犬的饲料中应补充钙粉和维生素，这对牙齿和骨骼的生长都是必需的。尤其是骨架较大的纯种犬，如拳师犬、大丹犬等，幼犬时期更需要钙质。通常1岁以下成长中的幼犬，每日补钙粉的量为每2千克体重约需1茶匙，随着年龄的增长，应按比例增加钙粉的剂量。至1岁后，由于犬已进入成熟期，牙齿和骨骼的生长已趋稳定，钙粉的需要量相对减少，其用量为每4.5千克体重每日约需1茶匙。但每日应有适量的室外运动，经过紫外线的照射，以便于钙质的吸收。钙粉喂量过多反而有害无益。

在饲养管理上，幼犬要比成年犬需要主人倾注更多的精力，要特别防止少数幼犬霸食暴食，使其他幼犬吃不饱、吃不着。每只犬每日的食量应随犬的大小而定，这要靠饲养者的观察确定。一般来说，从犬采食的表现就可以看出其饱或饥的程度来。如果犬采食迅速，大口吞咽，说明食欲没有问题；采食后，食盆中剩留饲料，表明喂多了，可能过饱；如果犬在空的食盆上继续用舌头舔舔，或用期待的眼光望着主人，说明没有吃饱。对幼犬不宜喂得过饱，以七八成饱为最好。另外，由于幼犬胃肠道尚在发育过程中，更应注意卫生，以防发生胃肠病。

第六节 成年母犬的喂养 　　　　　　 >>>

妊娠期母犬的喂养

妊娠期母犬的饲养应供给充分的优质饲料，以增强母犬的体质，保证胎儿健全发育和防止流产。妊娠头1个月，胎儿尚小，不必给母犬准备特别的饲料，但要注意准时喂食，不可早一顿晚一顿。一般母犬在妊娠的初期食欲都不好，应调配适口的食物。1个月后，胎儿开始迅速发育，对各种营养物质的需要量急剧增加，这时1日应喂3次，除要增加食物的供给量，还应给母犬补充富含蛋白质的食物，如肉类、动物内脏、鸡蛋、牛奶等，并要注意补充钙和维生素，以促进胎儿骨骼的发育。妊娠50天后，胎儿长大，母犬腹腔膨满时，每次进食量减少，需要多餐少喂。为了防止便秘，可加入适量的蔬菜。不要喂发霉、变质的饲料，以及其他对母犬和胎儿有害的食物。不要喂过冷的饲料和水，以免刺激胃肠甚至引起流产。

哺乳期母犬的喂养

对哺乳期母犬的饲喂，不但要满足其本身的营养需要，还要保证产奶的需要。分娩后最初几天母犬食欲不佳，应喂给少而精的易消化的饲料，如牛奶、麦粉、蛋黄等，并增加饮水（切忌饮冷水），

4 天后食量逐渐增加，10 天左右恢复正常，在以后的哺乳期间，要增加饲料量。每天除上下午各喂 1 次，中间要加喂 1 次。在营养成分上，要酌情增加新鲜的瘦肉、蛋、奶、鸡、鱼肝油、骨粉等。要经常检查母犬授乳情况，对泌乳不足的母犬，可喂给红糖水、牛奶等，或将亚麻仁煮熟，同食物一起混喂，以增加乳汁。

第七节　种公犬的喂养　　>>>

种公犬不能喂得过肥或过瘦。平时其饲料应与母犬相似，但其蛋白质的含量要略高于一般的犬。在配种期间应增加蛋白质、维生素含量较高的饲料，如肉类、鸡蛋、牛奶等。1 日喂 3 次，要给予充足的饮水。

第八节　病犬的喂养　　>>>

病犬常需更高的营养。如发热的病犬，体温每升高 1℃，新陈代谢水平一般要增加 10%，这就意味着体内营养物质的消耗要高于正常犬。又如患传染性疾病的犬，其免疫球蛋白的合成及免疫系统的代谢均加强，为了满足这种合成的需要，必须有足够的蛋白质和其

他营养物质的供应。因此，犬患病期间的营养需要在大多数情况下高于健康犬。但疾病往往会影响到消化机能，表现为食欲不振或拒食，以及胃肠消化功能降低。所以，食物的成分组成，营养物质的含量，适口性，是否易于消化及饲喂方式等，是病犬饲养应十分注意的问题。

为补充蛋白质，最好选用动物性蛋白质饲料，尽量减少食物中粗纤维的含量，补充足量的维生素和无机盐。

除注意营养组成和含量，还应注意食物的适口性。一般来说，病犬的食欲均不好，食物稍不适口，就会不吃。因此，要选择平时犬最喜欢吃的食物，定量地喂给，尽可能地提高其食欲和增加进食量。要针对不同病症给予对症食疗。如有些疾病（尤其是伴有体温升高的疾病）会引起唾液分泌减少或者停止，导致口腔干燥，给食物的咀嚼和下咽造成困难，应给予流质或半流质食物，同时提供充足的饮水。患有胃肠道疾病，尤其是伴有呕吐和下痢的疾病，会有大量的水分随排泄物一起排出，如不及时补充，将导致机体脱水。因而，对这类病犬要补充足够的水分，如大剂量静脉输液或令其自然饮水；给予刺激性小、易消化的食物，要做到少喂多餐；减少食物中的粗纤维、乳糖、植物蛋白和动物结缔组织（如韧带、筋等）；增加煮熟的蛋、瘦肉等易消化、营养价值高的食物。对呕吐和下痢的病犬，食物中要补充 B 族维生素。

第三章

犬的管理知识

第一节　日常管理　　　　　　　　〉〉〉

　　无论是家庭养犬，还是实验用犬，都必须有一套严格的管理制度，才能使犬健康成长。尤其是家庭养的犬，由于它处于特定的环境，与人的关系十分密切，如管理不当，不但犬易患病，给主人增加忧虑，而且人畜共患病还可能危害主人的健康。因此，养犬不仅要有科学的饲养方法，还要有科学的管理知识。犬的常规管理应包括以下几个方面。

搞好环境卫生

　　环境卫生包括犬舍的卫生、环境的温湿度、器具的消毒、卫生习惯的养成等。

　　1. 犬舍的卫生　犬舍是犬栖息的场所，卫生条件的好与坏将直接影响犬的健康。因此，犬舍（窝）必须每天清扫，随时清除粪便，每月大清扫 1 次，并进行消毒，每年春秋进行两次彻底的消毒。常用的消毒液有 3%～5% 来苏儿溶液、10%～20% 漂白粉乳剂、0.3%～0.5% 过氧乙酸溶液、0.3%～1% 农乐（复合酚）溶液、1∶800 的威岛牌消毒剂溶液等。对犬床、墙壁、门窗进行消毒，喷洒完以后，将门窗关好，隔一段时间再打开门窗通风，最后用清水洗刷，除去消毒液的气味，以免刺激犬的鼻黏膜，影响其嗅觉。对患病犬要彻底清换犬舍的铺垫物，用过的铺垫物应集中焚烧或深埋。

犬舍要保持良好的通风和日光照射。在天气暖和时，要打开犬舍的门窗，以便通风和日光照射。养犬数量较多的大型养犬场，要清除周围的垃圾及杂草，最好在犬舍周围栽植树木，以便改善环境，起到绿化、乘凉的作用。犬舍的排水沟应保持畅通，粪便和污物及时清理，在指定地点堆放、发酵处理。

2. 保持适宜的温度和湿度　温度在一定范围内比较缓慢地变动，机体可以调节与之相适应，但变化过大或过急时，对机体将产生不良影响。犬舍内的标准温度冬季为 13～15℃，夏季 21～24℃。冬季要注意保温，铺垫物要加厚。犬能耐寒，但对热的耐受力差，由于犬的汗腺不发达，在夏季防暑降温非常重要。大型犬舍要经常开动排风扇，以保持空气流通。家庭养犬，可将犬窝放在阴凉处，避免阳光直射。

犬舍内的湿度要保持在 50%～60%。湿度过高，在夏季，犬的散热机能受到限制，极易中暑；在冬季，易使犬患感冒等疾病，还有利于细菌的繁殖。湿度过低，犬舍内灰尘增多，有利于空气中微生物的生存，对犬的呼吸道有损害作用，易使犬患肺炎等呼吸道疾病，犬的皮肤和黏膜会感到干燥不适。因此，当湿度低时，可在犬舍内泼洒清水；湿度过高时（多发生在阴雨季节），可用通风、勤晒勤换铺垫物的方法解决。

3. 食具要定期消毒　对喂食、饮水用具应每周消毒 1 次，可煮沸 20 分钟，也可用 0.1% 新洁尔灭液浸泡 20 分钟，或用 1∶800 的

威岛牌消毒液浸泡 5 分钟，最后用清水冲洗干净。每次喂食后的食具都要清洗干净，剩余的食物要倒掉，不能放在食盆里，以免发酵腐败，影响犬以后的进食。

保持适当运动

犬是喜动不喜静的动物，适当的运动对保持犬的健康十分重要。运动能促进新陈代谢，使犬的食欲增强、采食量增多，使犬体魄健壮，增强持久力和敏捷性，从而达到锻炼强身的目的。此外，养犬者与犬一起运动、玩耍，能增进人与犬之间的感情。运动应在早晚进行。早晨空气新鲜、凉爽。晚上，环境安静，没有干扰，而且犬具有夜行性，周围的景物如同白昼一样清晰可见。不要在炎热的白天散步，以免强烈的阳光照射，引起日射病或热射病。

犬的运动应注意以下几点。

①每天应有适当的运动。不能凭犬主人的意志随随便便，时而一日数次，时而数天运动一次。运动量应视犬的品种、年龄和不同的个体而异。如小型犬每天运动的路程以 3~4 千米为宜，而速度快的猎犬，每天应跑 16 千米左右。有些小型犬，如奇瓦瓦（又名"吉娃娃"）、北京犬、松鼠犬及西施犬等由于个体小，如果让它们每天走很远的路，往往会因运动过度而影响心脏，故每日在家自由走动即够其运动量。有些小型犬，如泰利犬、迷你宾莎犬等，其性格活泼，所需运动量就要比其他小型犬多，应适当增加运动量。有的猎犬，如阿富汗犬等，最好每天让它快跑 15 分钟以上。在户外牵引运动前，应先让它自由活动数分钟以排便，在运动中要保持正确的行走姿势，与主人保持适当的距离，纠正或前或后、或左或右的行走习惯。

②外出运动时，应给犬带上牵引带。尤其在市区街道上切勿疏忽松带，任其自由闲荡，以防被车撞伤或惊扰行人，或与其他犬相遇而打斗，尤其要注意防止咬伤行人。犬带的系拴不宜过紧或过松，过紧会影响呼吸，过松易脱落，以有一定的自由度为宜。

③应时常变换运动的路线，不要每天只按同样的固定路线活动。运动中应防止犬用鼻子去嗅闻其他犬所留下的排泄物或其他物体，更不能让犬接触这些物体，也不要将犬带到人或其他犬聚集的场所，以防传染某些疾病。

④在安全的环境下，可给犬一些塑料制成的胶质玩具，任其自由嬉戏玩耍或引其跑动。

⑤对猎犬或警犬等工作犬而言，夏季的游泳锻炼是很好的全身运动，可使犬体格发育匀称。在开阔地的快速运动和飞越障碍，可使肩部的结构发育良好，促进胸部特别是前胸的发育。为了锻炼背部的肌肉和后躯的弹跳力，可以进行跳跃板壁障碍、高障碍、连续障碍等活动。为了锻炼犬的速度，可进行自行车绳索牵引运动，再结合曲线变换方向的运动，还能锻炼犬全身关节的柔软性和运动的敏捷性。总之，犬的运动形式多种多样，可根据不同目的选择，一般观赏犬主要进行卫生保健性的运动锻炼，而使役犬要进行特殊的技能锻炼。

运动归来后，要给犬饮足清洁的水，用毛巾擦干全身，刷去灰尘。运动后不要立即喂食，至少要安静休息30分钟，不然容易发生呕吐。

第二节 不同季节的注意事项 〉〉〉

随着季节的转换，犬的生理状态也会发生一定的改变，以适应各种环境和气候。因此，在管理上不同的季节要有所差别，特别要注意预防季节性的多发病。

春季

春季是犬发情、交配、繁殖和换毛的季节。要注意发情犬的管理，梳理被毛，预防皮肤病。

犬在发情期间，其生理功能和行为常会发生一些特殊的改变。发情母犬会到处乱走，要看管好，尤其是优良的纯种犬，不可任其外出自由交配，以防品种退化。公犬常为争夺配偶而争斗，易受伤，发现伤情要及时处理。

春季也是换毛的季节。厚实的冬季毛将要脱落，如不及时梳理，不洁的皮肤会引起瘙痒，犬会以抓挠和摩擦身体来消除痒感，这就容易将皮肤弄破，易引起细菌感染。不洁的被毛易"擀毡"，为体外寄生虫和真菌的繁殖提供有利场所，引起皮肤病。因此，春季应注意被毛的梳理和清洁，预防皮肤病。

夏季

夏季气候炎热、潮湿，应注意防暑、防潮，预防食物中毒。

犬在气温高、湿度大的环境中，由于体热散发困难，极易中暑。因此，应避免在烈日下活动，犬舍应移至阴凉处，炎热天气应经常为犬进行冷水浴。发现犬出现呼吸困难、皮温升高、心跳加速等症状时，应赶快用湿冷毛巾敷头部，移到阴凉通风处，并立即请兽医治疗。为防潮湿，要勤换、勤晒垫褥等铺垫物，用水冲洗犬舍后，一定要待彻底晾干后方能进犬，被雨水淋湿后的犬要及时用毛巾擦干。

夏季犬的饲料易发酵、变质，容易引起食物中毒。因此，喂犬的食物最好是经加热处理后放凉的新鲜食物，喂给量要适当，不应有剩余。对已发酵变质的食物要坚决倒掉，不能怕浪费而留用。因为变质食物中可能含有细菌毒素，即使高温处理也不能将其破坏。犬吃了含有毒素的食物，即可引起食物中毒，如治疗不及时则会死亡。故每当喂食后不久，若发现犬有呕吐、腹泻、全身无力等症状时，应迅速请兽医诊疗。

夏季气温高，犬易食欲减退，此时应减少肉食，增加新鲜蔬菜和肉汤或适当改变饲料种类，多供给清水。另外，应经常注意清洗眼睛和耳朵，防止皮肤湿疹。

秋季

秋季犬体内代谢旺盛，食欲大增，采食量增加，夏毛开始脱落，秋毛开始长出。同时秋季又是一年中第二个繁殖季节，对犬的管理方法与春季有许多相似之处。

秋季食物丰盛，给食量要增加，质量要提高，为犬的过冬做好体质方面的准备工作。注意梳理被毛，以促进冬毛的生长。深秋之际昼夜温差大，应做好晚间犬舍的保温工作，防止感冒。

冬季

冬季天气寒冷，管理的重点应放在防寒保温，预防呼吸道疾病方面。

机体受寒冷空气袭击，不注意防寒保温，运动后被雨淋风吹以及犬舍潮湿等都会引起犬感冒，严重的会继发气管炎、肺炎等呼吸道疾病。预防感冒的有效措施就是防寒保温，加厚垫褥，并及时更换，保持干燥，防止贼风；在天晴日暖的时候，加强户外运动，以增强体质，提高抗病能力。晒太阳不仅可取暖，阳光中的紫外线还有消毒杀菌的功效，并能促进钙质的吸收，有利于骨骼的生长发育，防止仔犬发生佝偻病。

第三节 哺乳期仔犬的日常管理 >>>

　　哺乳期的仔犬，身体比较弱，若营养不足或环境条件不良，很容易引起疾病和死亡。因此，除搞好哺乳外，加强日常管理也是十分重要的。产后头 4 天，主人要经常察看母犬有无压伤仔犬和授乳情况。5 天以后，可利用风和日暖的好天气，把仔犬抱到室外与母犬一起晒太阳，一般每天 2 次，每次半小时左右，使其呼吸到新鲜空气。利用阳光中的紫外线，杀死仔犬身上的细菌；促进骨骼发育，防止骨软症的发生。

　　当仔犬能行走时，可放到室外走走，开始时间要短，以后逐渐延长。13 天左右，仔犬方能睁眼，这时要避免强光刺激，以免损伤眼睛。20 天以后，遇晴朗天气，可让母犬带着仔犬在院内活动，时间不限，到晚上或阴雨天再关进犬舍内。如果仔犬被雨淋湿，则要马上用干毛巾擦干，放回窝内，注意保温，防止感冒。20 天左右给仔犬修 1 次趾甲，以免在哺乳时抓伤母犬的乳房。30 天时，用驱虫净驱虫，以后每月 1 次。仔犬身上易被污物附着，初期母犬可随时舔去，但以后就不管了，需要主人经常给仔犬进行刷拭和洗澡，2~3 天 1 次，以保持身体的清洁。总之，哺乳期仔犬饲养管理要做到：营养充足，保证睡眠，适当活动，搞好卫生。

第四节 幼龄犬的管理 〉〉〉

幼龄犬是指断奶后到性成熟前的小犬。幼犬性格活泼，好动贪玩，但尚不具备独立生活能力，所以，对主人的依赖性很大，在饲养管理上不同于成年犬，应注意以下几方面。

新环境的适应

幼犬断奶后，即可分窝。这时的幼犬由依靠母乳到完全独立生活，生活环境发生很大变化，加之被抱养后，来到一个完全生疏的环境，原来的生活规律被打乱，因此，让其尽快地熟悉、适应新的环境是很重要的一步。

幼犬来到新的环境以后，常因惧怕而精神高度紧张，任何较大的声响和动作都可能使其受到惊吓，因此，要避免大声喧闹，更不能出于好奇而多人围观、戏弄。最好将其直接放入犬舍或在室内安排好休息的地方，适应一段时间后再接近它。接近犬的最好时机是喂食时，这时可一边将食物推到幼犬的跟前，一边用温和的口气对待它，也可温柔地抚摸其被毛。所喂的食物应是犬特别喜欢吃的东西，如肉和骨头等。但开始可能不吃，这时不必着急强迫它吃，适应以后会自动采食的。如果它走出犬舍或在室内自由走动，表示已初步适应了新环境。

另外，饲养幼犬必须从一开始就要注意两件事：一是训练犬在固定地方睡觉，二是训练犬在固定地点大小便。犬有这样一种习惯，即来到新环境以后，第一次睡过觉的地方，就认为最安全，以后每晚睡觉都会到这个地方来，而绝不逾越雷池一步。因此，第一天晚上睡觉时一定要将其关在犬舍或室内指定睡觉的地方，即使成年犬也是这样。数天以后，就会固定下来，如果偶尔发现它在其他地方睡觉，就要将其抱回原来的地方，并发出"在这里"的口令。

幼犬一般经 3~5 天就能完全适应新的环境。在这期间，主人要友善地对待它，绝不可对它发脾气和打骂。如果幼犬按照主人的要求做了某种事情，要及时予以奖励，让它知道这是主人所喜欢的事情；如果幼犬做错了事，只要严肃地说声"不对"，它就会知道这是主人所不允许的事。

在幼犬适应环境阶段，要防止其逃跑。一旦发现幼犬行动诡秘，躲躲闪闪，不听招呼，有逃跑企图时，须立即制止，予以斥责，使其不再逃跑。

日常管理

首先应搞好幼犬的卫生，增强体质，预防疾病。

幼犬皮肤薄，要轻刷、轻拭，使其有舒适感而愿意配合，养成梳拭的习惯。注意卫生，保持犬舍干燥。

要进行一定的运动和日光浴。适当运动能加强新陈代谢，促进骨骼和肌肉的发育。但运动量不宜过大，以不加控制的自由活动为主，剧烈运动会导致身体发育不匀称，而且影响食欲和进食。当幼犬逐渐长大时，应牵至户外，以锻炼其对外界环境的适应能力，培养其胆量，并开始进行训练。

驱虫与预防接种

幼犬易患蛔虫病等寄生虫病，这些病会严重地影响其生长发育，甚至引起死亡。因此，定期进行驱虫非常重要。一般在 30 日龄时进行第一次粪检和驱虫，以后每月定期抽检和驱虫 1 次。为防止污染环境，驱虫后排出的粪便和虫体应集中堆积发酵处理。2 月龄以上的幼犬，应根据所在地区的疫情，定期做好疫苗的预防接种工作。

第五节 母犬的管理

发情母犬的管理

正常母犬一年发情两次。发情期的具体管理请参阅本书第五章有关内容。

交配的时间，夏季最好在清晨或傍晚，冬季则以中午为好。交配前最好不要喂食或不要喂得太饱，以免引起呕吐。交配时不要多人围观，以免在交配过程中受到惊吓，影响交配。由于公犬的阴茎结构特殊，交配时间较长，因此，在交配过程中应防止母犬坐下或倒下，以免损伤公犬的阴茎。交配结束后，公犬阴茎会自动从母犬阴道内脱出，应将母犬放回犬舍里，让其安静休息，并做好配种记录。

妊娠母犬的管理

在母犬妊娠期间除要给以丰富的营养外，还应精心地管理，给其创造一个安静舒适的环境，以使胎儿正常发育。为此，应做到以下几点。

1. 要注意妊娠期母犬的运动 适当的运动可促进母体及胎儿的血液循环，增强新陈代谢，保证母体和胎儿的健康，以利分娩。运动应有一定的规律，持之以恒。但在妊娠的前3周内，最容易引起流产，所以不能有激烈的运动。妊娠中后期（6周左右），母犬腹部开始明显增大，行动迟缓，此时，应避免剧烈的跳跃运动及通过狭窄的过道，并应减少运动量。

2. 犬舍（窝）大小要适度，要通风、保暖 妊娠母犬的犬舍（窝）应宽敞，防止挤压腹部，同时不要让陌生人接近犬舍，以免妊娠母犬神经过敏，也不要用手抱，让其自由行动和休息。犬舍要干燥、温暖、通风良好，冬天注意保温，白天可将犬牵到室外进行日光浴。

3. 要加强妊娠犬的保健工作，防止早产 母犬临近分娩前1周应停止洗澡，禁用刷子刷洗妊娠犬腹部；临产前，应以洁净的毛巾将乳头擦净，把乳房及外阴部的长毛剪去，便于分娩和哺乳；防止妊娠犬自高处跳跃；不许接触冷水，防止过食和腹泻。在妊娠期间，如果发现母犬患病，要及时请兽医治疗，不能自己乱投药，以免引起流产或造成胎儿畸形。

4. 注意犬的假妊娠 有的犬在交配后也腹部膨大，乳腺发胀，或能挤出少量乳汁，却并未妊娠，这叫假妊娠。分辨真、假妊娠的

办法，是检查犬的体重是否明显增加。如果腹部增大，但体重没有明显增加的为假妊娠。

哺乳期母犬的管理

要加强对授乳母犬的梳理和清洗工作，每周要洗 1 次澡，经常用消毒药水浸过的棉球擦拭乳房，然后用清水冲洗干净，以免仔犬将药水吸入体内。天气暖和时，要领母犬到室外散步，每天最少 2 次，每次可由半小时逐渐增至 1 小时左右，但不能剧烈运动。要搞好产房卫生，每天坚持清扫，及时更换垫料，产房要每月消毒 1 次。注意保持产房及周围环境的安静，避免较大的声响或噪声、强光等刺激，使母犬及仔犬都能很好地休息。

要注意母性的恢复。有的母犬在顺利分娩后就是不肯照顾仔犬，这被称为"母性丧失"。对于这种母犬，可取仔犬身上的少许附着物涂在母犬鼻尖上，母犬就会立即舔鼻尖。然后将幼犬放在母犬前，母犬通过嗅闻就会开始照顾仔犬，恢复其母性。有的母犬为了照顾仔犬，经常不离开产房，出现憋尿憋便现象，此时，应定时将母犬带往其习惯排便的地方，让其排粪、尿。

要经常检查母犬的乳房有无在地上擦伤或被仔犬的趾甲挠伤的痕迹，如发现外伤应及时治疗，以防感染细菌后引起乳腺炎。哺乳期间要经常注意测试仔犬的体重和观察每只仔犬的吸奶状况，如果哺乳期开始后的2~3日仔犬没有增重，或母犬不愿喂奶时，应考虑是否母乳不够；如果仔犬不吸奶而又到处乱窜，鼻子发出鸣响，说明曝不出母乳，仔犬吃不饱，应即行人工哺乳。

第四章
犬的保洁与美容

　　家庭饲养的观赏犬，大都是小型犬，犬主不仅希望自己有一只名贵、品种优良的犬，还希望自己的名贵犬具有一身漂亮、光洁的被毛，美观大方的外形，犬的缺陷能尽量被掩饰，而使该品种犬应具备的理想形象更突出。犬也像人一样需要经常洗澡、理发、梳妆打扮，才能显出其飒爽英姿来。这对小型长毛犬来说更为重要，要想使您的爱犬既高贵又令人喜爱，经常性的保洁、美容是必不可少的，不然就会显得脏乱形丑，还会有刺鼻的异味，有损于其应有的美观和健康可爱的形象。下面将犬的保洁、美容方法和要求简述如下。

第一节　犬的保洁

洗澡

　　1. 洗澡的目的　犬皮脂腺的分泌物有一种难闻的气味，这些分泌物具有油脂的特性，如果在皮肤和被毛上积聚多了，再加上外界附着到身上的污秽物，以及排泄后留下的一些粪尿，便会使被毛缠结，发出阵阵臭味。尤其在我国南方炎热潮湿的春夏季节，如果不给犬洗澡，就容易招致病原微生物和寄生虫的侵袭。因此，必须给犬洗澡，保持皮肤的清洁卫生，以利于犬的健康。

　　2. 洗澡的时间　有人认为，犬自己能用舌舔干净被毛，不必洗澡，而有的人怕犬脏，就经常给犬洗澡，这些做法都是不对的。

通常，室内养的犬每月洗 1 次澡即可，我国南方各省由于气温高、潮湿，可以 1~2 周洗 1 次澡。

我们知道，犬毛上附有一层犬自己分泌的油脂，它既可防水，又可保护皮肤，长毛犬的这种油脂还可使犬毛柔软、光滑，保持坚韧与弹性。在洗澡过程中使用的洗发剂肯定会把犬毛上的油脂洗掉，如果洗澡次数过于频繁，就会使犬毛变得脆弱暗淡，容易脱落，并失去防水作用，使皮肤容易变得敏感，严重者易引起感冒或风湿症。

当然，洗澡次数没有硬性规定，一般根据犬的品种、清洁的程度及天气情况等而定，如多种短毛品种的犬，若每天擦拭体表，可以终生不洗澡；而对经常参加展出的长毛犬，每月洗 1 次即可。

3. 洗澡的方法 有的专家建议，半岁以内的幼犬，由于抵抗力较弱，易因洗澡受凉而发生呼吸道感染、感冒和肺炎，尤其是北京犬一类的扁鼻犬，由于鼻道短，容易因水洗而感冒、流鼻水，甚至咳嗽和气喘，同时，水洗还可影响毛的生长量、毛色和毛质。因此，半岁以内的幼犬不宜水浴，而以干洗为宜，即每天或隔天喷洒稀释1000 倍以上的护发素和婴儿爽身粉，勤于梳刷，即可代替水洗。

仔犬怕洗澡，尤其是沙皮仔犬更是怕水，即使地上的小水坑，它也会避开。因此要做好仔犬第一次洗澡的训练工作，即用脸盆装满温水，将仔犬放在盆内只露出头和脖子，这样它会感到舒服，以后也就不会不愿洗澡了。另外，应防止仔犬眼和耳内进水。不愿洗澡的犬，应采取正确的入浴方法。让犬面向你的左侧站立，左手挡住犬头部下方到胸前部位，以固定好犬体（图 4-1）。右手置于浴盆侧，用温水按臀部、背部、腹背、后肢、肩部、前肢的顺序轻轻淋湿，再涂上洗发精，轻轻揉搓后，用梳子很快梳洗，在冲洗前用手指按压肛门两侧，把肛门腺的分泌物都挤出（图 4-2）。

图4-1 洗澡图示　　　　图4-2 用手指挤压肛门两侧

　　用左手或右手从下颌向上将两耳遮住，用清水轻轻地从鼻尖往下冲洗，要注意防止水流入耳朵，然后由前往后将躯体各部分用清水冲洗干净，并立即用毛巾包住头部，将水擦干。长毛犬可用吹风机吹干，在吹风的同时，要不断地梳毛，只要犬身未干，就应一直梳到毛干为止（图4-3）。

图4-3 吹风、梳毛

　　4. 洗澡时应注意的事项

　　①洗澡前一定要先梳理被毛，这样既可将缠结在一起的毛梳开，防止被毛缠结更加严重，也可把大块的污垢除去，便于洗净。尤其是口周围、耳后、腋下、股内侧、趾尖等处，犬最不愿让人梳理的部位更要梳理干净。梳理时，为了减少和避免犬的疼痛感，可一手握住毛根部，另一只手梳理。

　　②洗澡水的温度不宜过高过低，一般春天为36℃，冬天以37℃为宜。

　　③洗澡时一定要防止将洗发剂流到犬的眼睛或耳朵里。

　　冲水时要彻底，不要使肥皂沫或洗发剂滞留在犬身上，以防刺激皮肤而引起皮肤炎。

④给犬洗澡应在上午或中午进行，不要在空气湿度大或阴雨天时洗澡。洗后应立即用吹风机吹干或用毛巾擦干。切忌将洗澡后的犬放在太阳光下晒干。由于洗澡可除去被毛上不少的油脂，这就降低了犬的御寒力和皮肤的抵抗力，一冷一热容易发生感冒，甚至导致肺炎。

梳毛

1. **经常梳毛的好处**　室内饲养的犬一年四季都有毛生长和脱落，尤其在春秋两季要换毛，此时会有大量的被毛脱落。脱落的被毛影响犬的美观，甚至被犬舔食后在胃肠内形成毛球，影响犬的消化。此外，脱落的被毛常附着在室内各种物体和人身上，引起家人对犬的反感和不愉快。因此，要经常给犬梳理被毛。梳毛不仅可除去脱落的被毛、污垢和灰尘，防止被毛缠结成毡状，使犬的被毛清洁美观，而且还可按摩皮肤，促进血液循环，增强皮肤抵抗力，解除疲劳，并能防止发生寄生虫病或皮肤病。由此可见，经常给犬梳理被毛无论对长毛犬还是短毛犬都是十分必要的。

2. **梳理被毛的方法**

（1）**梳毛的顺序**　犬的被毛如同人的着装一样，对犬的精神状态和外貌有"加分"或"减分"的作用。因此，要经常注意被毛的整齐、清洁和美观。这就要求早晚各刷毛1次，或养成每日梳毛5分钟的习惯。梳理被毛的顺序应由颈部开始，自前向后，由上而下依次进行，即从颈部到肩部，然后依次背、胸、腰、腹、后躯，再梳头部，最后是四肢和尾部，梳完一侧再梳另一侧。

（2）**梳毛的方法**　梳毛应顺毛的方向快速梳拉。有些人在给长毛犬梳毛时，只梳表面的长毛而忽略了下面的底毛（细绒毛）的梳理。犬的底毛细软而绵密，长期不梳，易形成缠结，尤其是夏秋潮湿季节，常因微生物或寄生虫、灰尘的积存而引起湿疹、皮癣或其他皮肤病。在对长毛犬进行梳理时，应一层一层地梳，即把长毛翻起，然后对其底毛进行梳理。

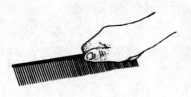

经常梳理的犬，虽然被毛比较顺滑，但在日常的梳理中不能只用毛刷梳理。这是因为，毛刷只能使长毛的末端蓬松，而细绒毛（底毛）却梳不到。因此，对长毛犬应将毛刷、弹性钢丝刷和长而疏的金属梳配合使用，金属梳可一直梳到皮肤（图4-4）。

图4-4　长而疏的金属梳

对细绒毛（底毛）缠结较严重的犬，应以梳子或钢丝刷子顺着毛的生长方向，从毛尖开始梳理，再梳到毛根部，一点一点进行，不能用力梳拉，以免引起疼痛和将毛拔掉。如果"擀毡"严重，可用剪刀顺毛干的方向将毡片剪开，然后再梳理，如果仍梳不开，可将"擀毡"部分剪掉，待新毛逐渐长出。

3. 梳毛时的注意事项

①梳毛时应使用专门的器具，不要用人用的梳子和刷子。铁梳子的用法是用手握住梳背，以手腕柔和摆动，横向梳理，粗目、中目、细目的梳子交替使用。使用刷子时应主要用手腕的力量，刷子的齿目多，梳理时一手将毛提起，刷好后再刷另一部分。

②梳毛时动作应柔和细致，不能粗暴蛮干，以防引起犬的疼痛，尤其梳理到敏感部位（如外生殖器）附近的被毛时要特别小心。

③要时时注意观察犬的皮肤。清洁的粉红色为良好，如果呈现红色或有湿

疹，则有发生寄生虫病、皮肤病、过敏等可能性，应及时治疗。

④发现蚤、虱等寄生虫（虫体或虫卵）寄生，应及时用细的钢丝刷刷拭或使用杀虫药物治疗。

⑤犬的被毛沾污严重时，在梳毛的同时，应配合使用护发素（1000倍稀释）和婴儿爽身粉。

⑥在梳理被毛前，若能用热水浸湿的毛巾先擦拭犬的身体，被毛会更加发亮。

牙齿的保养

犬牙是咀嚼和啃咬食物，尤其是坚硬骨头的重要工具。当食物碎渣或残物贮留在牙缝里时，可引起细菌在牙缝滋生，造成龋齿或齿龈的炎症，影响犬的食欲和消化。有些品种的犬，如约克夏梗和贵妇犬的牙齿容易长出浅黄至茶褐色的牙石。为此，应经常或定期检查，发现上述问题及时处理。通常可用湿棉球蘸取牙粉（不要用人用牙膏，因犬不喜欢那种味道）来清除牙渍牙垢。一般每周给犬刷1次牙即可。此外，要经常给犬喂骨头，这样不但可满足犬啃咬东西的欲望，也可达到磨刷犬齿和固齿的目的。

眼睛的保护

某些眼球大、泪腺分泌物多的犬，如北京犬、奇瓦瓦、西施犬、贵妇犬等，常从眼内角流出多量泪液，沾污被毛，影响美观，因此要经常检查眼睛。当犬发生某些传染病（如犬瘟热等），特别是患有眼病时，常引起眼睑红肿，眼角内存积有多量黏液或脓性分泌物，这时要对眼睛精心治疗和护理。其方法是用2%硼酸棉球（也可用凉开水）由眼内角

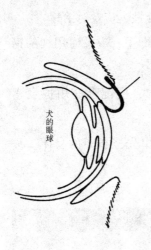

犬的眼球

向外轻轻擦拭，不能在眼睛上来回擦拭，一个棉球不够，可再换一个，直到将眼睛擦洗干净为止。擦洗完后，再给犬眼内滴入眼药水或眼药膏，以消除炎症。

有些犬，如沙皮犬常因头部有过多的皱皮，而使其眼睫毛倒生。倒生的睫毛可刺激眼球，引起犬的视觉模糊、结膜发炎、角膜混浊（角膜翳），对此应请兽医做手术，割去部分眼皮（类似人的割双眼皮整容术），但如果手术做得不太好，反而会使眼皮包不住眼眶，甚至使眼球露出。简易的方法是将倒睫毛用镊子拔掉。沙皮犬的倒睫毛是有遗传性的，所以购买沙皮犬时，除要查清其血统外，还要了解其有无倒睫毛的基因。

耳道的清洁

犬的耳道很容易积聚油脂、灰尘和水分，尤其是大耳犬，下垂的耳朵常把耳道盖住，或耳道附近的长毛也可将耳道遮盖（如贵妇犬、北京犬等），这样耳道由于空气流通不畅，易积垢、潮湿而使耳道感染发炎。因此要经常检查犬的耳道，如果发现犬经常搔抓耳朵，或不断用力摇头摆耳，说明犬耳道有问题，就应及时仔细地检查。过多过硬的耳垢应予清除，其方法是先用酒精棉球消毒外耳道，再用3%碳酸氢钠滴耳液或2%硼酸水滴于耳垢处，待耳垢软化后，用小镊子轻轻取出，镊子不能插得太深，精力要高度集中，如果犬摇动头部，要迅速取出镊子，以免刺伤鼓膜或刺破耳道黏膜。对有炎症的耳道，可用4%硼酸甘油滴耳液，或2.5%氯霉素甘油滴耳液，或可的松新霉素滴耳液等滴耳，每日 3 次。此外，应定期修剪耳道附近的长毛，洗澡时防止洗发剂和水溅入耳道。

修剪趾甲

　　大型犬和中型犬（如狼犬），由于经常在粗糙的地面上运动，能自动磨平长出的趾甲。而小型的观赏犬如北京犬、西施犬、贵妇犬等，很少在粗糙的地面上跑动，趾甲的磨损较少，而趾甲的生长又很快，过长的趾甲会使犬有不舒适感，同时也容易损坏室内的木质家具、棉纺织品和地毯等物，有时过长的趾甲会劈裂，易造成局部感染。此外，犬的拇趾已退化，而在脚的内侧稍上方位置长有飞趾，俗称"狼爪"，它是纯属多余的无实际功能的退化物，只能阻碍犬的步行或刮伤犬自己。因此，要定期地给爱犬修剪趾甲。

　　犬的趾甲非常坚硬，应使用特制的犬猫专用趾甲剪（图 4-5）进行修剪。对退化了的狼爪，应在幼犬出生后 2~3 周内请兽医切除，只需缝一针，即可免除后患。日常的趾甲修剪法，除使用专用趾甲剪外，最好在洗澡时待趾甲浸软后再剪。但应注意，每一趾甲的基部均有血管神经。因此，修剪时不能剪得太多太深，一般只剪除趾甲的 1/3 左右，并应锉平整，防止造成损伤（图 4-6）。如剪后发现犬行动异常，要仔细检查趾部，看有无出血和破损，若有破损可涂擦碘酒。

图 4-5　犬猫专用趾甲剪

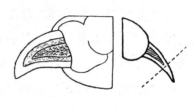

图 4-6　趾甲修剪

除剪趾甲外，还要检查脚枕有无外伤。另外，对趾甲和脚枕附近的毛，应经常剪短，以防犬滑倒。

剪尾和剪耳

最早给某些纯种犬剪尾，其目的是防止犬在打猎时被一些低矮的树丛勾缠，而目前在犬展中，对某些犬要求剪尾，纯粹是为了美感，并已被列为评定犬的一种标准。但只是作为宠物饲养而不参加犬展的犬，则根本不需要断尾。当前，需要剪尾的品种有拳师犬、迷你宾莎犬等。

给犬断尾，应在幼犬尚未开眼时进行，这样可减轻犬的痛苦。剪尾的长短须视品种而异，通常威士拿犬只剪去1/3；洛威拿犬只剩一尾节，几乎近至尾根部；迷你宾莎犬剪至第三尾节处，以竖起为佳；多伯曼犬应在第一或第二尾节处剪断，尾巴看起来要与脊椎骨相连，切忌软垂或过长。

给年龄稍大的犬断尾时，也应在1~2月龄以内进行。方法是：术部剪毛、消毒，局部浸润麻醉，在术部上方3~4厘米处用止血带结扎止血。助手将尾部固定，保持在水平位置。术者用外科刀环形切开皮肤，然后在皮下向上推移1~2厘米，于关节处截断，结扎血管，充分止血后，撒布消炎粉，将皮瓣缝合，再用碘酒消毒即可。

剪耳只是为了美观或行走时方便才对某些喜爱打斗的犬或大耳朵犬施行。如美国拳师犬经剪耳后，就显得颈长、骨骼匀称，不显粗大，步伐轻巧，也有气势，嘴皮阔而垂下，使体形线条与耳型配合。而英国不准剪耳，故同样的拳师犬显得粗豪，骨架粗壮，且颈短。剪耳一般应在犬出生后2~3个月内进行。剪耳时，给犬戴上口罩，助手保护好头部，先在术部剪毛，然后常规消毒，局部浸润麻

醉，用手术刀切开预定处皮肤，钝性分离皮肤和软骨，向耳根方向
分离 2 厘米，在该处切除软骨，余下皮肤自然形成一个套，充分止
血，撒布消炎粉或青霉素粉，缝合皮肤，用纱布和脱脂棉包裹上，
外边包扎绷带固定，防止搔挠。剪耳一定要按"耳模"进行手术，
如剪得不合适，以后可能会变成垂耳，不但不好看，反而有碍于耳
道卫生。因此，家养宠物不必剪耳。

第二节 犬的美容 　　　　　　　　　　　　　〉〉〉

美容是在整容的基础上进行的，美容并不是任意地将犬毛剪成
自己所喜欢的形式，而是要利用修饰犬毛的技术尽量地掩饰犬的缺
陷，夸大发扬它的长处，以便把该品种的特征突出地表现出来。因
此，犬的美容方法必须因犬的品种而异。现举几例如下。

北京犬

优良北京犬的外貌特征应有美丽的长毛、丰满的鬃毛和各部位
的饰毛，头顶平且宽，耳朵与头顶平并紧贴于头部，颈部短而粗，
背线很直，胸部广而深，尾根高且有多量长的饰毛，被毛粗但有柔
软感，耳、腿、四肢、尾、趾部有多量饰毛，特别是颈部的鬃毛长
而多。根据这个特征，在给北京犬美容时，对脸部较薄的毛可用梳
子梳理，稍做修整，而脸部较粗硬的毛（须、触毛等），可用剪子小
心剪短，耳朵以有长而密的毛为佳，但脸部最好不要有太多的毛，

因此，对耳部的底毛可用粗目剪毛剪修剪掉。北京犬的眼睛大而圆，又稍突出，易受灰尘和脱落毛的侵入，故应经常用2%硼酸棉球或冷开水棉球轻轻地由眼内向外擦拭，以除去异物。夏天天气热，可用电动剪刀由腹部向胸部内侧剪，在看不到的部位剪去约1厘米长的毛。尾部的长毛以梳子左右等分梳拭，使其自然垂直。对脚内侧多余的毛和趾间的毛要按脚形修剪。至于体躯、鬃毛及底毛丰满的部分，应以钢丝刷子刷拭。

西施犬

标准式西施犬的外貌应是全身被长而漂亮的被毛覆盖，头盖为圆形，宽度一定要广，耳朵大，耳根部要比头顶稍低，两耳距离要大。体躯圆长，背短，但保持水平。颈缓倾斜，头部高抬，四肢较短，为被毛所覆盖。尾巴高耸，多为羽毛状，向背的方向卷曲向上，长毛密生，不可卷曲，底毛则为羊毛状。据此特征，在对西施犬美容时，体躯的被毛由背正中线向两侧分开，背线的左右3厘米处涂上适量油脂以防被毛断裂。为了防止腹部的毛缠结和便于行走，对腹下的被毛应以剪子剪掉1厘米左右。为了使翘起的尾巴更好看，可在尾根部剪去0.5厘米宽的被毛。脚周围多余的毛，应尽可能地剪去。

让犬站在修剪台上，将其体毛的下部（下摆）修剪得稍比体高长些（即毛的长度比体高稍长），但是不能太长，否则就会影响犬的行动，不能充分发挥犬的活泼的特性。

西施犬的毛质稍脆，容易折断和脱落，脸部的毛也长，容易遮盖双眼，影响视线，因此应将这些长毛扎起来，以防折断和脱落，也可增加美观度。扎起来的方法是：先将鼻梁上的长毛用梳子沿正中线向两侧分开，再将鼻梁到眼角的毛梳分为上下两部分，从眼角起向头的后部将毛呈半圆形上下分开，梳毛者用左手握住由眼到头顶部上方的长毛，以细目梳子逆毛梳理，这样可使毛蓬松，拉紧头顶部的毛，绑上橡皮筋，再结上小蝴蝶结即可。也可将头部的长毛分左右两侧各梳上一个结或编成两条辫子。

马尔济斯犬

标准式的马尔济斯犬，具有长长的、有绢丝般光泽的被毛，身躯较长、较矮，全身为纯白色丰满的长毛，但其眼和鼻为黑色，行动活泼，胆大。颈部约为身高的 1/2，给人一种强而有力的感觉。卷尾上扬于背部，有丰茂而柔长的放射状饰毛，给人以十分高雅的感觉。因此，给马尔济斯犬美容时，要注意头部的修饰。对眼睛下缘的毛可剪掉一半，鼻梁上的毛从中线开始向两边平分梳开，唇周边较粗的胡子和长毛由根部剪除，两侧胡须的长度约为头长的 1/3。背部的毛沿背中线向两侧垂下。尾根周围 1 厘米处用梳子、剪子修整，尾毛应左右分开，尾根部可涂少量油。脚的四周应沿脚尖用剪子修剪成圆形，由趾间长出的毛要小心剪除。体毛多的犬则可用手将外侧体毛掀起，用梳子对内侧的毛进行梳理；毛量较稀少的，则让内侧毛自然下垂后再以梳子往上梳理。在梳理外毛时，可由上往下分三四次梳，绝不可一次梳到底。修剪下摆时，让犬站立在修剪台上，左手拿梳子压住长毛，将梳子的一侧固定在修剪台上，再行修剪，这样便可修剪

图 4-7　修剪捆扎后的马尔济斯犬

出漂亮的下摆。头部被毛的扎法可参看西施犬的捆扎法，修剪捆扎后的头部见图4-7。

贵妇犬

贵妇犬的美容最复杂，修毛法也最多。为了参加展览，应按一定的规格修剪，不能随便剪，以免影响美观。但作为家庭宠物，为了使犬凉快和显得美观，可按"荷兰式"修剪。其方法为：头顶部的毛应剪成圆形，长度适中，可留下胡须，面部、脚踝以下和尾巴根部的被毛都应剪短，臀部、肩部和前肢的毛剪成长约4厘米，而将腰部和颈部的毛剪短，看上去好像穿上了"牛仔裤"一样。尾尖部应剪成一个大毛球。这样不但好看，而且使人感到清爽与"醒目"，也不至于发生湿疹。也可按如下的方式修剪。

有些犬头部较小，为了弥补这一缺点，可把头上的毛留长些，并剪成圆形，而颈部的被毛要自然垂下，耳朵的毛要留长，这样才显得头部稍大而美观。头部较大的犬，则应将毛剪短，而颈部的毛不需剪短。

脸长的犬，应将鼻子两侧的胡子修剪成圆形，以强调重点。眼睛小的犬，应将上眼睑的毛剪掉两行左右，这样才能起到放大眼圈的作用。

颈部短的犬，可通过修剪颈部的毛来改善其形状，而颈中部的毛要剪得深些，这可使人感到颈部长些。体长的犬，把胸前或臀部后方的毛剪短后，用卷毛器把身体的毛卷松一点，会使身体显得短些。

胖犬，最好是将全身的毛剪短，四肢剪成棒状，能使身体显得瘦些。

第五章
犬的繁殖知识

进行犬的选种与繁育，一般有四个目的。首先是体形上的遗传，如健美的体形、骨骼，优美的毛色和毛质等特征的保存；其次是性格上的遗传，如性情温顺、忠于主人，容易饲养管理与调教等；第三是性能上的遗传，如好的警犬、护卫犬、猎犬等把它们的良好性能传给下一代；第四就是传种与增加数量。

养犬的目的不同，种犬的选择标准也不一样。一般选择体形好，体质健壮，生长发育快，抗病力强，神经类型稳定，容易饲养和繁殖力强的公、母犬作为种犬用。

选择种公犬

雄性特征明显，生殖器官无缺陷，阴囊紧系，精力充沛，性情稳定。由于1只公犬能配6~7只母犬，因此，公犬比母犬对繁殖后代的影响大。所以有必要对公犬的精液进行检查，甚至还要根据后代品质对公犬进行评价及取舍。

选择母犬

主要看其体形好，产崽多，泌乳和带崽能力强，母性好。所谓母性好，主要标准就是在分娩前会絮窝，产后能定时给仔犬喂奶，仔犬爬出窝外能用嘴将其衔回，并对仔犬有强烈的保护欲。

第二节　犬的性成熟与初配适龄　　　〉〉〉

初情期

　　母犬初次表现出发情的时期叫作初情期。此时母犬虽然也具有发情表现，但多不规则且不正常，假发情和间断发情比例高。初情期的到来只不过是性成熟的前兆，经过一段时间才能达到性成熟。公犬第一次能够释放出精子的时期亦为初情期。公犬在3~4月龄时就会挺出阴茎，跃跃欲试，但此时不可认为是初情期，而只不过是初情期前的一些行为表现。初情期的到来虽受丘脑下部、垂体前叶和性腺的有关生理机制控制，但外界因素通过这些器官，也对初情期的早晚产生一定影响。公、母犬初情期一般为7~9月龄，有的可在6~7月龄。

性成熟与体成熟

　　性成熟是指犬生长发育到一定的时期，生殖器官已基本发育完全，具备了繁殖的能力。公犬开始有正常的性行为，并能产生具有受精能力的精子；母犬开始出现正常的发情并排出成熟的卵子，副生殖器也发育完全。体成熟就是犬具有成熟犬的固有体况，生长发育基本完成。

性成熟后的母犬在发情期进行交配即可怀孕产崽，但性成熟并不意味着达到了可以繁殖的年龄，因为性成熟和体成熟并不是同步的，体成熟一般在初情期和性成熟之后，即性成熟时犬体尚未完全发育成熟。刚达到性成熟的幼犬，虽然具有繁殖的能力，但不适合繁殖。因为体成熟前繁殖会出现窝产崽数少、后代不健壮或有胚胎死亡的可能，同时也影响种犬本身的生长发育。

犬达到性成熟的年龄，因犬的品种、地区、气候环境、个体大小以及饲养管理的水平与方法的不同而有所差异。一般认为，犬出生后 8~11 月龄即可达到性成熟，早的可提前到 6 个月。有人通过观察研究认为，犬的性成熟期平均为 11 个月；纯种犬为 7~16 个月，平均为 11 个月；杂种犬为 6~17 个月，平均为 9.5 个月。一般来说，犬达到体成熟需要 20 个月左右。因此，犬的最佳初配年龄，母犬为 10~12 个月，公犬为 18~20 个月。但如果是用作军犬、警犬、牧羊犬、狩猎犬等的优良品种或用作繁殖的种犬，开始繁殖的最低年龄应在 2 岁。或者说，公犬必须在 2 岁，母犬应在 20 月龄。

第三节 母犬的发情与交配　　　　　〉〉〉

发情是指母犬发育到一定年龄时所表现的一种周期性的性活动现象（也叫性周期）。性成熟的正常母犬，每年发情两次，大多在每年春季的 3~5 月和秋季的 9~11 月。野犬仅于每年的 1~2 月间发情 1 次。完整的发情概念应包括 3 个方面的生理变化：

①母犬的精神状态（如兴奋不安、敏感、食欲减退等）及交配欲。

②卵巢的变化（卵泡发育及排卵等）。

③生殖道的变化（包括外阴部、阴道、子宫颈、子宫、输卵管等部分）。

以上各方面的生理变化的差异程度因发情期的不同阶段而异，一般在发情旺盛期最为明显，而在发情的早晚期较弱。

发情前期

指从母犬首次发现血色的排出物到开始愿意交配的时期，持续时间为7~12天，平均为9天。此时期母犬的特征是：外生殖器官肿胀、潮红、湿润，阴道充血，自阴道流出血样的排出物，青年犬乳房增大。此时母犬变得兴奋不安、性情焦躁反常，对于其他时间立即服从的命令不起反应。不爱吃食，但饮水量增加，举动不安，屡屡狂叫，当遇公犬时，开闭外阴部，频频排尿，这种排尿显著地吸引着公犬，但不接受交配。阴道分泌物的涂片中，含有很多具有固缩核的角质化的上皮细胞，很多红细胞，少量白细胞和大量的碎屑，在卵巢中存有大量卵泡。年龄较大的母犬开始时表现并不明显，因此，需要注意不要错过配种时间。

发情期

指从母犬开始愿意接受交配至拒绝交配的时期。此时期紧接在发情前期之后，持续5~12天，平均约为9天。在这一时期，母犬的外阴继续肿大、变软；阴道分泌物增多，初期为淡黄色，数日后呈浓稠的深红色，出血程度在开始发情的第9天和第10天达到顶点，以后分泌物逐渐减少，14日后停止流出黏液。

此时期中，母犬表现得非常兴奋、敏感、易激动，有时食欲明

显下降，接受能力下降，最主要的特征是交配欲的出现，喜欢接近公犬，并且站立不动，把尾巴伸向一侧。发情期的中期，阴道涂片中含有很多角质化的上皮细胞、红细胞，但无白细胞。排卵后，白细胞占据阴道壁，同时出现退化的上皮细胞。要想知道母犬是否在发情期内，唯一准确可靠的方法是用公犬试验，若母犬拒绝与公犬交配就说明发情期已结束。母犬通常在发情期开始的第2～3天排卵，母犬的阴道开始滴血，也就是说，母犬的交配时间应在滴血后的第10～13天之间进行。

交配时，将公犬牵入母犬的饲养场所，让其自然交配。交配时间大约需要1个小时，在此期间要保持安静，切不可强行将正在交配的公、母犬拉开。

当交配不顺利时，应人工辅助并使用强制手段，给母犬套上嘴套，用短皮带牵着，另一个人协助固定臀部，不让其坐下或左右摆动，以便顺利交配。一般交配一次即可妊娠，但为了提高受胎率，可在第一次交配后，间隔1～3日再交配一次。

发情后期

母犬拒绝公犬的交配即进入发情后期。如果以黄体的活动时间来计算，则此时期为70～80天；若以子宫恢复，子宫内膜增生的时间为计算基础，则此时期为130～140天。此时期为发情的恢复阶段，由于雌性激素的含量下降，母犬的性欲减退，卵巢中形成黄体。外生殖器（外阴部）变得软瘪，逐步恢复正常，出血停止，但还可见到少量黑褐色黏性分泌物。子宫腺体增生，为胚胎的附植做准备。母犬较以前有些消瘦，变得愈来愈恬静和驯服。此时期阴道涂片中含有很多白细胞、非角质化的上皮细胞及少量的角质化上皮细胞。

乏情期

也叫"休情期""间情期"，紧接在发情后期之后。此时期中，母犬除了卵巢中一些卵泡生长和闭锁外，其整个生殖系统都是静止的，阴道涂片中上皮细胞是非角质化的。但到发情前期之前，上皮细胞变为角质化。在发情前期数周，母犬通常会显出某些明显特征，如饮食和行为有变化，喜欢与公犬接近，当附近有公犬时，有的母犬会自然地厌恶与其他母犬为伴，特别是对阉割母犬的厌恶尤为明显。在发情前期数日，大多数母犬会变得无精打采、态度冷淡，偶尔处女母犬会拒食，外阴部肿胀。

第四节 母犬的异常发情表现 〉〉〉

由于体内内分泌的不协调及其他一些因素的影响，一些母犬可表现出异常的发情行为，常见的有下列几种。

安静发情

母犬没有典型的发情行为表现和临床症状。在有公犬存在的环境条件下，人们会发现母犬已不知不觉地怀孕。据报道，有 10% ~ 25%的格力犬会发生这种情况。

应特别注意，母犬到了性成熟期并在发情季节，如迟迟不表现

发情症状，就要经常找公犬试情，以免错过交配期。在有公犬的环境条件下，更要留心母犬，一旦发现怀了孕，就要特殊护理，以免流产和早产。若流产或早产，可使用雌激素和促性腺激素治疗。

发情不出血

母犬不像正常发情时有明显的出血和阴道分泌物，阴部也不像正常发情一样肿胀，但喜欢接近公犬，愿意接受交配，这种现象是雌激素不足的结果。

频繁发情

此种情况较为少见。母犬发情间隔时间缩短，并持续较长的时间。据报道，有的母犬在两年内每3~4个月就交配1次，最后一次才怀孕，给仔犬断乳后才恢复正常的发情周期。

假发情

母犬发情往往不符合发情周期规律，虽有类似发情的特征，有的也愿意接受交配，但不能交配，或交配也不能怀孕。这种现象在各品种的犬中均有发生。

第五节 发情的控制与调节 　　　　　　　 〉〉〉

为了提高繁殖率和管理水平，可用现代繁殖技术人为地控制和调节母犬的发情，以缩短繁殖周期，提高繁殖率。主要包括以下几种技术措施。

超数排卵

在母犬发情周期内，注射促性腺激素，使卵巢有较多的卵泡发育成熟并排卵。超数排卵一般在两种情况下使用。一是为了提高产崽数，有些母犬各方面条件均很好，但产崽数太少，或是想让它们比正常情况多产崽，可用此法提高产崽数；二是结合胚胎移植进行。

母犬施行超数排卵措施时，可能会有不同的反应。这种反应可因品种、体重、体况、年龄、季节、营养状况、发情周期的阶段、产后时期的阶段、激素的效能、用量和比例、注射程序等的不同而异。

同期发情

同期发情又称"同步发情"，主要用于群体饲养，就是利用某些激素制剂人为地控制并调整一群母犬发情周期，使之在预定的时间内集中发情。该项技术措施有利于推广人工授精，便于组织生产，

减少不孕，提高繁殖率。现行的同期发情技术主要有两种途径。一种是对要施行同期发情的一群母犬同时施用孕激素，抑制卵巢中卵泡的生长发育和发情，经过一定时期同时停药，随之引起同时发情。另一个途径是利用性质完全不同的激素（前列腺素）使黄体溶解，中断黄体期，降低孕酮水平，从而促进垂体促性腺激素的释放，引起发情。

催情

催情是指用人工方法促进母犬发情、排卵的措施，目的是使母犬及时发情配种，减少空怀，提高犬群的繁殖率。常采用的方法主要有加强饲养管理，使母犬营养合理，不肥不瘦，辅以公犬逗引，用药物刺激等，以增强母犬的性机能。

第六节 母犬的发情鉴定 〉〉〉

发情鉴定就是鉴定母犬是否发情及所处的发情阶段。通过判断母犬发情是否正常，以便发现问题，并及时解决。通过发情鉴定，判断母犬的发情阶段，以便确定配种日期，从而达到提高受胎率的目的。

鉴定母犬的发情可根据多项指标，因为母犬发情时，既有外部特征，也有内部特征；既有行为学上的变化，也有生理生化指标的变化。外部特征是现象，内部特征，特别是卵巢、卵泡的发育变化及其他生理指标的变化情况才是本质。因此，在做发情鉴定时，既要观察外部表现，又要注意本质的变化，还要联系影响及干扰的因素来综合地考虑、分析，才能获得较准确的判断。

外部观察法

通过观察母犬的行为表现和阴道排泄物来确定母犬是否发情。在发情到来前数周，母犬通常都表现出某些征兆，食欲和外观都有所变化，如果有机会，它们均喜欢与公犬接近。当附近有公犬时，有些母犬会自然地厌恶与其他母犬为伴，对阉割母犬的这种厌恶尤其明显。发情前期的可见征兆出现前数日，大多数母犬变得无精打采、态度冷淡。偶尔，处女犬可能拒食，有的表现惊厥，当发情前期的外部特征变得明显时即停止。

发情前期的特征是外生殖器官肿胀，自阴门流出血样分泌物，并持续2~4天。当血样分泌物的流出量增多时，阴门及前庭均变大，触摸时感到肿胀，母犬的性情变得不安和兴奋，有时不停地吠叫，并显得不听指挥和管教。饮水量增加，排尿次数增加，尤其见到公犬后频频排尿。这种排尿强烈地吸引着公犬，如不加管制，母犬便会出走并引诱公犬，但拒绝交配。从发情前期开始，大多数母犬在7~12天之间可接受公犬交配，这表明已进入了发情期。此时血样排出物将逐渐减少，并且站定等待交配，姿势是尾根抬起，尾巴水平地倾向一边。没经验的母犬于允许交配之前，常常在短时间的戏弄之间做出几次交配姿势，而有经验的母犬通常并不经多余的戏耍与玩弄即接受交配。有些"骄傲"的母犬，还具有选择公犬的倾向。有些母犬可能做出交配姿势，但在生殖道的肿胀及敏感性消退之前，却不允许交配。

发情期过后，母犬对公犬的亲和性即降低，外生殖器官变得软瘪，可以看到少量的黑褐色排出物。母犬变得愈来愈恬静、温顺。

阴道检查法

阴道检查法是通过阴道涂片的细胞组织来进行分析，以确定母犬是否发情以及所处的发情阶段。正常情况下，在发情前期，阴道涂片中会含有很多核固缩的角质化上皮细胞、红细胞以及少量白细胞和大量的碎屑。发情中期，则含有很多角质化上皮细胞、红细胞，而没有白细胞。排卵以后，白细胞则占据了阴道壁，同时会有退化了的上皮细胞。发情后期，阴道涂片里会含有很多非角质化的上皮细胞、白细胞和少量的角质化上皮细胞。乏情期的涂片中，上皮细胞为非角质化的，但到发情前期，上皮细胞则会变成角质化。

电阻法

用电阻表来测定母犬阴道液的电阻值，以便确定最好的输精或配种时间。发情周期中，电阻变化非常大，以至于不好确定配种的最佳时间。发情前期的最后一天变化为 495~1216 欧姆，而在此之前一般为 250~700 欧姆。在发情期也有变化，特别是在发情期刚开始时，有的母犬电阻下降，而有的母犬与发情前相比则会上升。所有的母犬在发情期的后期，部分时间里电阻值都会下降。总体来说，母犬在整个发情期里，阴道黏液的电阻值变化非常大，但不同的个体（因品种、年龄、营养不同）变化规律也会不相同。因此，有条件的饲主，应总结出自己的犬或犬群的变化规律。

试情

即用公犬来检测母犬是否发情或者是否进入发情期。据报道，确定母犬是否发情的唯一准确有效的方法就是用公犬试情。正在配种适期的母犬，见到公犬后会表现出愿意接受交配的行为，如轻佻、喜欢调情、尾巴偏向一侧、站立不动、阴门有节律地收缩等。一般情况是在母犬愿意接受交配的第 2 天配一次，48 小时后再配一次。

第七节　犬的配种方法　　　〉〉〉

根据饲养管理的条件、水平及繁殖的目的不同，可用各种不同的配种方法。常用的配种方法主要有以下几种。

人工授精

指用一定的人工方法来采取公犬的精液，经检查与处理后，用器械注入发情母犬的生殖道内，使其受孕。这种配种技术相对先进，更有很多优点：有助于提高受胎率，可以充分发挥优良公犬的配种效能，从而增加公犬的配种比例，减少公犬饲养费用，也能更好地克服公、母犬因为个体大小悬殊而带来的交配困难，还可以避免生殖系统传染病和加速犬的育种进程。人工授精的技术容易掌握，群体饲养情况更适于采用这种方法。

自由交配

没有任何人为的管理和控制，公、母犬常年不分群，公犬随意与发情母犬进行交配。这是一种原始的、相对落后的繁殖方式，而且大都是公、母犬老幼混杂，谈不上品种的纯化和后代的优化，可以说繁殖没有任何目的性。这样很容易造成后代品质的退化。

分群交配

在配种季节，把一只或数只经过选育的公犬放在一定数量的母犬群里，合群饲养，任其自由交配。这样比较容易提高配种的成功率和受胎率。

围栏交配

指公、母犬平时隔离饲养，配种时，在围栏内放入特定的公犬与一只母犬，使之交配。

人工辅助交配

平时公、母犬是严格隔离饲养的，在母犬发情的适当时候，选择优良的公犬，在人的控制下使其进行交配，交配后立即将公、母犬分开。

单次配种

在母犬进入发情期（性欲出现）的第 2 天，用一只公犬配一次，或用一只公犬的精液人工授精一次。这种方法多是在自己没有种公犬，配种受到某些条件限制的情况下才采用。

多次配种

母犬发情后，第一天配一次，然后每隔 24 小时配一次，一般在一个发情期内复配 2~3 次。

双重交配

双重交配是指在母犬的一个发情期里，用同品种的两只公犬或不同品种的两只公犬间隔 24 小时，先后各配种一次。这种配种方式能提高繁殖率及后代的生命力。

重复交配

重复交配指在发情期里先后配种两次。一般在发情期的第 2 天配第一次，然后间隔 48 小时再用同一种公犬配第 2 次。这样可增加受精机会，提高受胎率，并能准确掌握后代的血统。

第八节 种公犬的使用规则 　　　　　〉〉〉

　　品种、个体、气候、营养和其他因素，都会使公犬的交配能力有所不同。公犬在射精结束后，阴茎松弛，对母犬没有任何兴趣。但经过相应时间的休息后，公犬的性兴趣会再度恢复。一般来说，公犬可在一天内交配 5 次，这也是其在某个阶段内的最大交配能力。但为了保护公犬以及提高繁殖率，对公犬必须科学合理地使用。种公犬比较适合在 2 岁左右开始配种，每日配一次，最多不能超过两次。1 只公犬可以轮流交配 6~7 只母犬。天热时最好在早晨或傍晚交配，天冷时则比较适合在中午。食后 2 小时内不宜交配，以避免公犬发生反射性呕吐。交配后，要让公、母犬安静地休息。

　　一个年度内一只公犬的交配次数不可以超过 40 次，即使特别好的公犬，也不能超过 60 次。要尽可能均匀地分配交配时间，上半年度与下半年度应各占一半。如果交配的间隔时间过短，不仅容易损伤公犬的身体，甚至影响其寿命，而且也不利于母犬受精怀孕。

　　若要人工采精，要严格掌握采精频率。据研究，精子是连续产生的，而正常射精量的产生间隔为 24~72 小时。有学者认为，每隔 1 日采一次精，其精液在品质上没有太显著的变化，甚至在一定时期里每日给公犬采精一次，休息 24 小时后，精子的贮存量完全可以恢复正常。但也有学者证实，如果采精频率高于每两天一次，将影响每次采精的精子产量。所以，若采精的频率太密，往往在采出的精液中会有很多原生质滴。如果出现这种情况，则应减少采精次数，最好要间隔 2 天，因为延长性休息期并不影响精液的品质。

第九节 分娩与接生 >>>

犬妊娠 50 天以后，就需要准备一个产箱或产床。产箱的深度要以出生的仔犬爬不出来为宜，箱内要铺上柔软的垫草，并让母犬在产前提前适应这种环境。正常情况下，60 天左右母犬即可分娩。

临近分娩时，母犬会出现食欲不振或不吃，行动急躁，表现不安，爬产箱等现象；外阴部和乳房肿大、充血，乳头可以挤出白色初乳；阴道和子宫颈变软并渐渐张开，黏液充满子宫颈管，以水晶状透明物流出，并有少量出血。

当出现这些分娩征兆时，应用温水、肥皂水将母犬的外阴部、肛门、尾根及后躯部位擦洗干净。助产员（饲养员或犬主人）的手臂也应洗净消毒，以做好助产准备。母犬的子宫经过宫缩、阵痛以后，胎膜会破裂，羊水流出，胎儿和胎衣一起产出体外。此时，母犬会咬破胎衣，取出胎儿，并自己咬断脐带，舔去胎儿身上的黏液。所有这一切，一般的母犬都能自己做，并不需帮助。但如果天气较冷或产崽过多，分娩持续时间过长，母犬因筋疲力尽而不能及时舔仔犬时，主人应及时协助分娩。仔犬出生以后，要迅速用优质的卫生纸或软毛巾擦去其口腔与身体的黏液。为了仔犬安全，防止其窒息，应抓起仔犬臀部，头朝下，用手挤出其鼻孔和嘴里的液体，然后剪断或用手撕断脐带，并进行适当的消毒处理。

　　正常生产的胎儿应为两前肢平伸，将头夹在中间，呈入水式。故其产出顺序应该是依次露出前肢、头、胸腹和后躯。在分娩过程中如果发现情况异常，如因四肢位置发生变化等而引起的难产，不要硬拉，应顺势把胎儿推回子宫，矫正好胎位以后再顺着母犬的努责将胎儿拉出。

　　如果胎儿的头部和前肢已经露出阴门，但胎膜迟迟不破，可以用手把胎膜撕破，并迅速擦净其鼻腔和口腔内的黏液，以避免影响胎儿呼吸，甚至造成吸入性肺炎或窒息。如果母犬宫缩、努责无力或破水时间过长，胎儿滞留产道太久而不能产出时，要迅速进行助产。用助产绳拴住胎儿两个前肢的趾部，将手伸进产道，紧紧握住胎儿的下颌，配合母犬的努责用力向外拉出，当胎儿头部通过阴门时，助手要用双手捂住阴唇，以免撑破阴门上下角或会阴部；胎儿的头部拉出后，再往外拉，动作要缓慢，以免引起子宫内翻和脱出。母犬的产室，应选择温暖、安静、阴暗且没有阵风袭入的地方。

第六章
犬的基本训练

第一节 训练犬的基本知识 〉〉〉

犬的本能活动

简单地说，本能就是遗传决定的行为模式。实际上，复杂的本能行为由两部分构成：一部分是先天的、固定不变的，决定动作发生的时间和力量；另一部分是对后天环境条件反馈的反应，借以控制动作的空间和方向。许多本能行为由接连的一套活动组成，形成行为链锁。在实际生活中比较明显的，如繁殖方面有求偶—交配—

筑窝—育仔等一系列本能行为。本能行为有两个作用：一方面，有些生物学目的需要许多行动的依次配合才能完成；另一方面，也反映出这类遗传的行为贮备在中枢神经中有层次性的编制。

本能行为分两个阶段，各自有不同的行为表现。使全部本能行为完结的比较简单而定型的行为叫作"完了行动"。导致完了行动的一些比较灵活机动的定向反应叫"欲求行为"或"寻求行为"。如寻找食物是"欲求行为"，吃是"完了行动"。同样，交配射精是性行为的"完了行动"。犬在一系列本能活动之前，将要发生情绪的变化，如喜、怒、恐惧、痛苦之类的一时性强烈感情状态。它是可以体验的心理现象，又是具有器官变化的生理现象。情绪属于先天的反应模式，在同一种情绪状态下同种犬表现同样的行为。不过，情绪在一定程度上受后天因素的影响。动物处于情绪状态时，身体有显著变化，主要表现在：学习能力下降，植物性神经的活动有显著改变（如被毛竖立、瞳孔扩大、血压和脉搏增加、呼吸过速、腺体分泌增加），随意肌的活动失灵等。

（1）寻求食物的本能 包括一切获取、处理和摄取营养物质的活动，是犬最基本的本能。这种本能是生来就有的，并且占据生活中大部分内容。犬寻找食物，并不是由于突然感到饥饿，而是饱足信号停止发送的缘故。所谓寻求食物，就是向食物来源接近，直到满足为止。

（2）性行为的本能 性成熟后，公、母犬间的特殊行为都是性行为。也就是说，凡是导致精子与卵子结合的一切行为都是性行为。性行为同寻求食物一样，是犬最基本的本能，为种族的生存所必需。

（3）母性的本能 在性行为的特殊刺激下，引起了犬的母性本能。所以母犬在临产前知道选择隐蔽而较暗的地方，运用垫料、破布等物品来筑成准备分娩的窝巢。产后向幼犬提供照料或关照，包括哺乳、帮助排泄、衔回爬出窝外的幼崽及御敌等。母犬的这些行为完全是对后代的生存和成长有利的母性本能。

（4）探求行为的本能 这种本能是针对具体的食物物品或环境，如寻求食物、栖息场所等，达到目的时这种探求便停止。另外的一种探求行为并不针对某一种目的，而只是犬对所面临的新事物、新环境表现的一种本能反应，使犬本身适应所处的环境变化。

（5）争斗行为的本能 是犬与同类或异类发生冲突时的一种自

我保护的本能反应，包括攻击与逃避两种表现形式，是攻击还是逃避取决于是获胜者还是失败者。由于一场博斗的结果只对胜利者有利，所以从个体生存的角度来看，面对强者时，以逃为佳。反之，以主动攻击取胜更为有利。

在攻击或逃避之前，犬会表现出张嘴或龇牙等一系列威吓动作，以使对方回避而免去一场争斗或减少受伤害的机会。此时犬处于进攻和逃避的矛盾状态，会做出一些模棱两可的动作。

犬的游戏

犬的游戏有某些先天本能的特征，游戏对于犬是至关重要的。人游戏是为了娱乐，而犬游戏是为了学习。

（1）种类　行为学家把游戏分为以下几类。一是追逐游戏。扔一只球或一个玩具等，犬追过去，衔回来，交给你，或者犬追过去把它捡起来。如果你追赶犬，犬就赢了这场游戏。二是力气游戏。拔河、橄榄球等。玩这种游戏需要绳子或拴着球的绳子等，如果你松开，犬就赢了。三是捕杀游戏。犬一边狂吠，一边摇动玩具、木棍、袜子、嗅布等。四是占有游戏。犬赢得了以上某种游戏，把玩具作为奖品拿走时，可以做这种游戏。它可能把玩具藏起来，把骨头埋起来，或者把它们放到"窝"里。

（2）目的　每种游戏都是为了教会犬捕食和捕杀技巧而设计的。所有的犬都玩游戏，这是它们的本能。如果驯犬员懂得游戏的重要性，就能在犬的行为训练中更好地控制它们。如果犬的控制欲很强，你就必须赢几乎所有的比赛，这一点很重要。如果犬显得懦弱，或过于顺从，让它多赢几次，有助于提高它的自信，或者说，让它变得不那么顺从。

（3）利用游戏 游戏在教授新的活动时非常重要，可以把游戏与活动结合起来，也可以作为奖励的一部分。必须教会犬主动地参与游戏，确定一种玩具为特殊玩具，用绳子拴一只球就是一个非常好的玩具，既能抛扔，又可以拖拉。重要的是，游戏应由犬的主人开始而不是犬，同样，做游戏时玩具属于犬的主人而不是犬。游戏结束时必须把玩具收回，保存起来。犬的主人作为这个群体的头领，必须控制整个游戏，牵引带也可以用作游戏的玩具。

无论是复习学过的动作还是进行新的操练，切记要不断地奖励。一种操练顺利完成后，不要总是做游戏，奖励要随机，控制了游戏，就控制了犬。

犬在游戏时，会在地上翻滚，作为一种屈服和邀请的表示，进而咬拉对方的尾巴或做出向空中跳蹿，向前、后、左、右的跳跃动作。在捕咬游戏中，不时向对方袒露腰窝以示善意。另外，犬的本能行为还可表现在对非接受活动的抵触本能、幼崽求母本能、修饰本能（用舌舔舐伤口，用牙齿啃咬体表寄生虫，用肢抓搔、擦蹭身体不适部位）等。

训练的最佳时间

1岁以前对犬的饲养与训练决定犬的未来。所以对犬的教育训练要从小开始，当犬长到3~4月龄时，就开始教育训练它一些简单的东西，如用鼻子嗅探和用嘴衔物等。当犬长至1岁时，它就能认真地帮助人类进行工作了。

不要让犬过早地从事太难的工作，也不要过早地检验犬的技巧、凶猛程度和战斗欲如何，那样会使犬养成毫不顺从、疯狂乱咬的不良习惯。犬到了15月龄左右时，就可分阶段训练它的凶猛性和提高

它的战斗欲。

调教与训练的注意事项

调教与训练是指在先天行为能力的基础上利用犬的学习能力，使之获得人所要求的新行为的能力。调教主要是使犬养成良好的生活习惯，如不攻击人，不伤害其他动物，不怕车马，习惯于佩戴脖圈等。

调教的原则是及早开始，在日常生活中随时掌握时机，利用惯化现象使犬消除不必要的反应，并使用警告或惩罚，制止其不当的

行为于发生之前。事后的管教虽然也有效果，但也易产生副作用。

训练是针对一定的用途教会犬按人的指令行动，最好在犬体质成熟之前的学习敏感时期进行。训练者必须了解犬的行为特性及其体语，利用犬对人的依附性及其行为规律，诱使犬在人发出指令的同时或之后，做训练者所要求的动作，然后立即给予奖励。

训练的原则是由浅入深、循序渐进。如先教会随行、坐、卧、前来、靠、衔取、吠叫、安静休息等基础项目后，再进行守候、警戒、越障、搜索、追踪、鉴别、传递物体等实用项目的训练。

对犬做出的各种动作有选择地予以奖励和惩罚，使受奖励的动作得到鼓励而更加发扬，使受罚的动作被抑制而收敛。并在反复与口令（或手势）的配合中加以强化，使之逐步改进和巩固。

开始时，人利用机会引导犬发生的行为动作都是犬先天固有的，这种雏形动作未必符合人的要求，如果从中发现与要求相近似的成分加以奖励，会使犬更多地表现出该类动作。如果训练者进而只奖励其中合乎要求的部分，则能导致分化，从而提高命令所要求动作的准确性。训练如果是要求犬做出非自然的活动，应采取食物奖励。

训练也包括消除某些行为，施加一些引起痛苦反应的惩罚手段，应注意罚必得当、及时，延迟惩罚毫无效果。有些训练可利用犬的仿效行为。犬个体之间虽有智愚之分，但任何训练上的失败，往往归因于训练者的设计不周或方法不当。训练者切忌凭主观意气行事。

训练者应亲自饲养和管理被驯犬只。给犬喂食及每次与犬接触态度要灵活，说话要温和，举止要大方，与犬适时玩耍，逐渐消除犬对训练者的防御反应和探求反应，让犬熟悉训练者的气味、声音和行动特点。

训练者对犬应耐心、细致，尽可能与其轻声说话、交谈，不能大声喊叫，否则只能使犬变得麻木、迟钝。训练项目应根据犬的职能选择，不必要的项目少选或者不选，以免给犬增加过多的负担。

另外，驯犬发出的口令的语调应统一，下面的语调可作为参考。

夸奖（高声说），如："真乖！""真听话！"

警告（拉长声说），如："站——住——！""停——！""安——静！"

煽动（刺激性地），如："前进！""冲！""上！"

请求（温和地拖长声音），如："寻找。""搜索。"

命令（短而专断），如："快！""过来！""站好！"

处罚（短而有力），如："错了！""揍你！"

刺激与反射、兴奋与抑制

（1）刺激与反射　刺激是指被机体组织细胞所感受，并引起一定反应的，正在变化的环境因素。如拍打、按压、光、电、热、声音等。如针扎入皮肤、火烧着皮肤后引起机体产生痛感。此时，针扎、火烧对机体就是一种刺激。刺激作用于机体的感觉器官如皮肤、眼、耳、鼻等时，通过神经系统的活动，使机体发生一系列的反应，这一过程叫反射活动，反射是神经系统的基本作用方式。

（2）兴奋与抑制　机体的各种组织受到刺激后发生的反应概括起来不外乎兴奋和抑制两种，机体受到刺激后从相对静止、安定的状态，转变为活动状态或由活动的较弱状态转变为较强的活动状态，这一过程称为兴奋。如犬在听到喂食的信号或主人发出"扑咬""追踪"的口令时，由原来的休息、静止或睡眠、半睡眠状态突然跃起，精神高度集中地扑向目标，即为兴奋。而机体受到刺激后，活动状态转变为相对静止状态或由较强的活动状态转变为较弱的活动状态，这一过程叫抑制。

反射的类型

犬不懂人的语言，没有人的智力，但是为什么经过一定的训练之后，能服从人的指挥，并按主人的命令去完成各种任务？这些都与犬的神经系统的反射活动有关。根据反射的形成过程可将反射分为非条件反射和条件反射。

（1）非条件反射　非条件反射就是"本能""天性"，是通过遗传获得的，如吃食后分泌唾液及在饥饿状态下看见美食分泌唾液等都是非条件反射；幼犬的吃奶、呼吸、排便也均属于非条件反射。能引起非条件反射的刺激称为非条件刺激。

（2）条件反射　条件反射是犬在后天的生活过程中，由于周围环境的反复刺激，在大脑皮层形成暂时性的神经联系。就是说，条件反射是后天建立起来的，而不是遗传的。能引起条件反射的刺激称为条件刺激，在条件反射形成之前这种刺激叫无关刺激。无关刺激经常与某种反射的非条件刺激相伴出现后，才能成为条件刺激。比如，犬吃食物后，食物入口引起唾液分泌，这是非条件反射。如果在吃食前同时给予铃声作为信号刺激，最初铃声和食物及分泌唾液没有关系，铃声单独刺激还不能引起唾液分泌，此时铃声是一个无关刺激。如果铃声和食物总是同时出现，即铃声就意味着"开饭"，这样经过反复结合之后，只给铃声刺激也能引起唾液分泌，这就形成了条件反射。

训练犬就是根据犬的非条件反射和条件反射这种生物特性，反复给犬一定的刺激，如不同的口令、信号、手势等，使犬建立起一系列人们需要的条件反射。

①操作式条件反射（也叫"爱好性"条件反射）。这是条件反射的一种特殊形式，是指某一反射活动是伴随着奖赏使动物对这一行为产生了喜好而出现的。由于奖赏的作用，这一反射便加强或巩固下来。如当犬在指定的地点大小便，就立即给予奖赏，这样经过数次重复，使犬感到在此处大小便会使它愉快，从而使犬在此大小便这一反射得到了加强。

②厌恶性条件反射。这是一种条件反射的特殊形式，是用与操作式条件反射相反的方法建立的条件反射，是用某些刺激物作用于动物，使动物对此种刺激物产生厌恶感的反射，多用于纠正犬的异常行为或异常表现。实际上是以惩罚为刺激，使犬对某一行为或某一物品产生厌恶感，而永远避免。

犬神经活动的类型

(1) 兴奋型 这种犬的特点是兴奋过程比抑制过程相对长，行动特征是攻击性很强，总是处于活动状态。

(2) 活泼型 这种犬的特点是兴奋和抑制过程都很长，而且均衡、灵活性也很好。其行动特征是活泼、反应快、动作敏捷。

(3) 安静型 这种犬兴奋和抑制过程都长，而且均衡，具有较强的忍受性，但灵活性稍差。行动特征是表现安静。

(4) 弱型 这种犬兴奋和抑制过程均短，行动表现胆怯。

犬的兴奋抑制过程强弱与神经灵活性的判定

(1) 用音响刺激 犬吃食时，可以用音响器或鞭炮，由远而近地在食盆旁发出音响，观察其反应。如果对音响无反应继续吃食，或暂时停止，不离食盆又继续吃食，或离开食盆后又回到食盆吃食的，都属于兴奋过程强的和比较强的。

如果受音响刺激不再吃食，则可认定为兴奋过程较弱。

(2) 用步表测定 将处于饥饿状态的犬固定在长约2米的绳子上，训练者在离犬7~8米的地方，让犬看着食物，反复呼唤犬的名字，2分钟后，检查步表上记录的运动次数。有些犬可达300余次，有些犬却仅20~30次。

运动次数超过100次的，是兴奋过程很强的犬。无步表时，可观察其在2分钟内的活动状况，如不停地处于活动状态，即可认为是兴奋过程较强的犬。

(3) 用口令观察 根据主人下达的带有威胁音调的口令来观察

犬的反应。兴奋过程强的犬，不会被大声口令所抑制；兴奋过程弱的，会表现出极度抑制，甚至停止活动。兴奋过程弱的犬，难以完成较为复杂困难的训练项目。

（4）犬的抑制过程的判定　通过训练某些具有抑制性质的课目进行鉴别。如进行追踪（分化抑制）或使犬坐着不动（延缓抑制）。抑制过程强的犬，完成上述课目较快，抑制过程弱的犬完成上述动作较慢。

（5）犬神经过程灵活性的判定　犬从一种神经过程转变为相反的神经过程时，从抑制状态中解脱出来的时间长短，反映了犬灵活性的好坏。能按照主人命令迅速地从一种动作变换做出另一种动作的犬，属于灵活性好的犬；而需要较长时间才能变换动作的犬则被视为灵活性较差的犬。

训练犬的基本方法与要领

（1）机械方法　机械式训练方法是生理刺激法或疼痛作用法，包括压迫、突然抖动牵引带、手打、鞭打、抚摸等。机械式训练法可以获得不间断完成所有课目的效果，但是这种方法只能用在神经系统坚强的犬身上。此种训练方法最大的缺点是在运用了较强的刺激后，会使犬的正常态度、犬对训练者的信任感和依恋心理遭到挫伤。机械式训练法常会使犬害怕训练员，非常驯服地完成训练课目。但是，这些课目都是在强制手段下进行的，犬对工作没有丝毫的兴趣。这种训练方法有时被用在对警卫犬的抑制力训练中。

（2）食物奖励法　此种方法基本上用于食物刺激中。要教会犬蹲坐、靠近等课目，训练者就必须用手拿着美食在犬面前给它看。希望得到美食的愿望促使犬更好地观察食物，并为得到食物而服从命令。此法最容易在训练员与犬之间建立联系，并且迅速形成条件反射。此法的缺点是不能保证犬在工作中永不间断，有许多犬饱食营养品后对工作失去兴趣，完成任务极不彻底，缺乏坚韧精神。

(3) 对比法　此种训练法的特点是在训练中既运用机械式的刺激方法，也应用食物奖励的方法。运用机械式刺激方法绝不是用暴力和粗鲁的行为来强迫犬接受这样或那样的姿势训练，而是在机械式训练后立即给犬以美食奖励。对比训练法将机械式训练法和美食奖励法的优点有机地结合在一起。用此方法，训练者能与犬建立起最牢固的关系。此法是训练中最基本、最通用的方法。

(4) 模仿训练法　此法在实际训练中一般用作辅助训练，在牧羊犬中较常用。运用于猎犬训练时，应让小猎犬同受过训练的成年猎犬一起在狩猎中进行。如果此法应用于护卫犬的训练，就应在成年护卫犬的哨位附近进行。

(5) 训练犬的基本要领

①诱导：用食品等引诱犬做某种动作。诱导与适当的强迫相结合，效果较佳。对幼犬的训练以诱导为主，但对兴奋灵活的犬不宜多用。

②强迫：以机械反应和威胁音调的口令为主，强迫犬做出相应动作的手段。强迫训练开始时，下达威胁音调的口令，并与机械刺激和适当的奖励相结合，效果较好。强迫手段的刺激强度因犬而异，对灵敏性较强的犬，特别是胆子小一些的犬，刺激强度应相应小一些。

③禁止：用威胁音调发出停止动作和纠正不良行为的口令，要伴以有力的机械刺激一起进行。下达禁止令要及时，要在犬的不良行为的初期，态度要严肃，当犬对命令服从得好时要予以奖励。

④奖励：奖励手段包括赏给食物、抚拍、衔物、游散和用奖励音调给予表扬。这是用以强化正确动作，调节犬的神经活动状态的

手段。奖励要及时，要根据兴奋程度的不同，给予不同方式的奖励。如食物奖励，应在主人先行发出奖励音调、抚拍后再给予。对于衔取兴奋程度高的犬，用衔物奖励比食物奖励更好。犬崽特别喜欢衔取或撕咬主人的拖鞋、手套、玩具、报纸等。这既是一种顽皮的表现，又是长牙齿的需要，是一种锻炼。在完成高难度项目后，游散是奖励的好方法。

训练犬的基本原则

训练犬的原则是因犬制宜、由浅入深、分段实施、循序渐进。违反上述原则，操之过急是要导致失败的。驯犬分三个阶段进行。第一阶段是在清静的、没有外界刺激的环境中，培养犬对口令建立基本的条件反射阶段。第二阶段是经常更换训练环境，加强环境锻炼，使条件反射逐步复杂化的阶段。第三阶段是在复杂环境中、有引诱刺激的情况下仍能顺利执行口令的阶段。

适当掌握训练犬中的机械刺激

训练犬中所使用的机械刺激，除抚拍作为奖励的手段外，按压、扯拉牵引带、轻打以及必要时使用刺钉脖圈等均属强制手段。机械刺激能引起犬的压觉（即触觉）和痛觉，能迫使犬做出相应的动作和制止犬的某些不良行为。如训练员用右手上提犬的脖圈，左手按压犬的腰角，犬就势必做出坐下的动作。

不同强度的机械刺激能引起犬的不同反应。一般地说，弱的刺激引起弱的反应，强的刺激引起强的反应，超强刺激会使犬产生超限抑制，甚至产生神经症。根据这一原理，我们在训练中，既要防

止对犬使用超强刺激，以免使犬产生超限抑制和出现害怕训练员或逃避训练的现象，又要避免缩手缩脚，不敢使用刺激或使用刺激过轻，因为这样也会妨碍犬条件反射的形成和巩固。在一般情况下，采用中等强度的刺激比较适宜。

当然，在使用时还要根据犬的特点和当时的具体情况灵活应用。

刺激犬体的一定部位才能引起犬做出相应的动作。如训练中我们想用机械刺激迫使犬做出坐下的动作，就得按压犬的腰角。如果不是按压犬的腰角，而是按压犬的背部，犬就不可能坐下。这是因为神经系统对刺激的反应是按照一定的神经通路（反射弧）来实现的，所以在训练中，对犬使用机械刺激时，必须针对训练动作相适应的部位，否则就可能得不到应有的效果。实践证明，运用机械刺激的训练方法的优点是：在机械刺激的作用下，必然会使犬做出相应的动作，并能保持这种动作姿势固定不变。如果运用得当，还能使条件反射得到巩固。但是这种方法也有一定的缺点，如果过多或过强地给犬以机械刺激，会影响犬对训练员的依恋性，并造成神经活动的紧张状态，影响训练效果。

适当施行食物刺激

食物是训练员用来奖励犬的正确动作和训练某些动作的一种刺激。食物既可作为非条件刺激，也可作为条件刺激。当食物用来强化条件刺激和奖励犬的正确动作，直接作用于犬的口腔，引起咀嚼吞咽等非条件反射时，食物就是非条件刺激；当训练员在一定距离以其气味和形状作用于犬，并在食物的诱导下使犬做出坐、卧等动作时，它就属于条件刺激。在使用食物刺激时，必须注意犬对食物的兴奋状态，只有当犬对食物表现出足够的兴奋时（最好处于饥饿状态），才能收到良好的效果。训练中为了增强食物的刺激作用，可以利用小块食物在诱导犬做出动作之前稍加逗引，以提高犬对食物的兴奋性。

实践证明，运用食物刺激的训练方法也有其优点和缺点。其优点是在食物刺激的诱导下，可以使犬迅速地形成许多条件反射，如坐、卧、吠叫、前来等。同时，利用食物刺激训练成的课目，犬在做动作时，表现活泼兴奋，能增进犬对训练员的依恋性。其缺点是犬的动作不易准确，对食物反应不强的犬或所处环境中出现新异刺激影响时，训练员的口令或食物诱导都会对犬失去作用。

在训练中将机械刺激和食物刺激结合起来使用，可以取长补短，收到良好的效果，既适合大多数犬，也适合于多数课目。机械刺激用来迫使犬做出一定的动作，而食物则用来奖励犬做出了正确动作。如在训练"前来"课目时，训练员在发出"来"的口令的同时，使用扯拉训练绳的机械刺激。即使当时外界环境中有新异刺激影响，犬在训练绳的控制下也不得不来。当犬来到后，训练员又会立即给予食物奖励，这种奖励不仅能够强化犬的正确动作，同时也能缓和犬由于机械刺激所引起的被动防御反应的控制状态，使犬正确而兴奋地做出动作。

施行强迫的要领和注意事项

（1）施行强迫 强迫是指主人或训练员采用适当的机械刺激，迫使犬准确地做出与口令相应的动作，以顺利执行口令的一种手段。

在建立条件反射的初期，施行强迫手段的刺激强度要适中。其目的是迫使犬做出动作，并对口令形成条件反射。如主人或训练员以普通音调发出"来"的口令，同时结合扯拉训练绳的机械刺激，迫使犬前来。通过各种反复施行的强迫手段，犬很快就能形成条件反射。但当进入复杂环境训练后，外界刺激增多，犬往往不能顺利执行口令，有延误做出动作的表现。在这种情况下，必须采取威胁音调的口令，并结合强有力的机械刺激，以强迫犬顺利地执行口令，做出所规定的动作。这样多次结合使用，犬就能对口令的威胁音调形成条件反射，以后即使单独使用威胁音调的口令，也同样能迫使犬迅速地做出动作。

但必须指出，犬患病或疲劳等原因，也会影响执行口令和迅速做出动作，在这种情况下不但不能使用强迫，而且应该给予及时的治疗和让其适当休息。

（2）施用强迫的注意事项

①强迫的运用一定要及时、适度，口令和相应强度的机械刺激必须结合，这样才能加强对犬神经系统的影响作用。即使在犬对威胁音调已经形成条件反射后，也不能完全间断，要结合机械刺激使用，以防止条件反射的消退。

②使用强迫必须与奖励相结合。因为威胁音调和强有力的机械刺激往往会使犬产生超限抑制，并影响犬对训练员的依恋性。为了缓和犬的神经活动过程和达到巩固条件反射的目的，在每次强迫犬做出动作以后，都必须给予充分的奖励。

③强迫手段必须根据犬的特点分别运用。对那些能忍受强刺激的犬，刺激强度可适当大些；对那些皮肤敏感、灵活性较强的犬，特别是比较胆小的犬，刺激强度则适当小些。

④强迫手段要因课目制宜，特别在实用课目中，如训练鉴别、追踪、搜索等更要慎重、适度，以免产生不良后果。

施行禁止的要领和注意事项

（1）施行禁止　禁止是训练员为了制止犬的不良行为而采用的一种手段，它是用威胁音调发出的"非"的口令，同时与强有力的机械刺激结合起来使用的。如当犬在追扑家禽、牲畜或随地捡食时，训练员及时用威胁音调发出"非"的口令，同时结合猛拉训练绳的机械刺激加以制止。这样经常结合运用，犬对"非"的口令就形成了抑制性的条件反射。以后当犬一旦出现不良行为时，只要使用"非"的口令，就能达到禁止的目的。但对犬延误执行口令的行为，只能使用强迫，而不应使用"非"的口令。

（2）使用禁止手段必须掌握的要点

①在犬对"非"的口令形成条件反射后，也不应完全间断结合机械刺激，以免反射消退。

②制止犬的不良行为必须及时，最有效的时机是当犬有不良行为的最初表现时，就立即予以制止，而不应在不良行为发生之后。过后制止或斥责不但无用，反而会使犬的神经活动产生紊乱，因为犬不具有"悔过自新"的思维活动。

③在制止犬的不良行为时，训练员的态度必须严肃，但绝不要打骂犬。因此，当犬闻令而停止不良行为时，要立即给予奖励，以缓和犬的紧张状态。

④刺激强度必须根据犬的特点分别对待，特别在对幼犬的管理训练中尤应注意。

施行奖励的注意事项

奖励能使犬迅速形成条件反射，但必须注意以下问题。

（1）奖励必须及时并掌握时机 当犬根据口令或在强迫作用下做出正确动作时，就应给予奖励，只有及时的奖励才能起到强化正确动作的作用。所谓要掌握时机，就是要奖励得恰到好处。如犬在追踪时，表现为时而抬头、时而嗅地，为了养成犬向下嗅认的追踪能力，训练员的口令必须在犬根据嗅源气味积极嗅认迹线时发出，如果在犬抬头时说"好"的口令，反而会起到促使犬抬头的作用。

（2）奖励时态度必须和蔼可亲 以便使犬对训练员的温和表情也建立起条件反射。

（3）根据不同的课目和犬的不同情况采取不同的奖励手段 如在训练犬"衔取前来"的课目时，当犬衔了物品来到训练员跟前后，应该发出"好"的口令和给予抚拍奖励。如果在犬衔回物品后立即给予食物奖励，就会使犬养成到训练员跟前自动吐掉物品而等待食物的不良习惯，食物奖励只能在训练员接过物品后方可给予。对那些衔取兴奋性高的犬，多给些物品奖励要比食物奖励效果好。在训练高难度的课目时，犬的神经活动处于高度紧张状态，当犬顺利完成动作后，采取纵犬游散的奖励比较适宜。

（4）根据不同阶段的训练正确地运用奖励 训练的目的是使犬

逐步养成各种完整的能力，绝不能只停留在几个简单的动作上面。而每一个完整能力的养成，又都与正确地运用奖励分不开。因此，在分别建立独立课目的基本条件反射时，只要犬能根据口令做出一个单项动作，就应立即给予奖励。但是，随着训练要求的不断提高，进入条件反射复杂化的训练阶段后，就要把有关的课目逐渐有机地组织起来，使犬养成比较完整的能力，在此过程中应由单项奖励过渡为最终奖励。如为培养犬完整的"前来"能力，在训练初期，只要犬根据"来"的口令迅速来到人面前，就要及时奖励。但以后就要进一步要求犬来后靠左侧坐下，才给予奖励。要使犬将这两个单独动作组合在一起执行，即只有当犬准确地做出前来并靠左侧坐下这一完整动作后，才给予最终奖励。

分阶段培养犬的能力

犬的能力培养可分为三个阶段。

（1）培养犬对口令建立基本的条件反射的阶段　这一阶段总的要求是让犬根据口令做出规定动作。本阶段的注意事项为：选择清静的环境，减少外界引诱刺激的干扰。同时，对犬的正确动作要及时予以奖励，对犬的不正确动作要耐心予以纠正。

（2）条件反射复杂化阶段　这一阶段要求犬将各个独立形成的条件反射有机结合起来，使犬具有一个完整的能力。如第一步仅要求犬听到"来"的口令走近训练员，而第二步则要求犬来到训练员跟前后，必须靠着训练员的左侧坐下。在本阶段还要求犬对训练员的口令达到迅速而顺利执行的程度。同时，在犬对口令形成条件反射的基础上，建立对手势的条件反射。

为了加速培养和巩固犬的能力，在本阶段训练中应注意以下几

点。一是训练环境不宜复杂化。但可以在不影响训练的前提下，经常更换训练环境，使犬逐步适应，并要在日常散放活动中加强锻炼犬对环境的适应能力，为第三阶段的训练打下基础。二是为了使犬顺利而正确地执行口令，对犬的不正确动作和延误执行口令的行为，必须及时纠正。并要运用强迫手段，适当加强机械刺激的强度，同时对犬的正确动作一定要及时给予奖励。

（3）环境复杂化阶段（也就是锻炼阶段）　这一阶段要求犬在有引诱刺激的情况下，仍能顺利地执行口令，以适应现场实际使用的需要。当犬能在比较清静的环境里顺利地表现出完整的能力时，就应该使训练环境逐渐复杂化。在初期，犬可能会对新异刺激产生探求反射或防御反射，而对口令不发生反应或延误执行口令。在这种情况下，训练员必须加强口令的威胁音调，并结合强有力的机械刺激迫使犬做出动作，然后给予充分的奖励。

为使犬尽快适应环境，本阶段仍应加强锻炼犬对环境的适应能力，并要注意以下两点。一是鉴别训练不宜使环境复杂化。因为在鉴别时，犬的神经活动需要高度集中，应该尽量选择安静的环境、清洁的地面，以防止影响鉴别的准确性。二是在进行环境复杂化的能力培养时，一定要因犬制宜，使训练条件难易结合，并要易多难少。如在复杂的环境条件下训练追踪，既有车辆、行人等外界刺激的影响，也有地面复杂气味的影响。这就大大增加了犬的追踪难度。所以，在开始训练时，最好先在早晨或夜间进行，迹线的距离，最好先近一些，气味遗留的时间也要短一些。当犬适应后，再逐步逐项穿插提高。但是追踪环境复杂化也不是无限的，绝不能超越犬的嗅觉机能去进行徒劳的训练。

第二节 训练犬的方法 　　　　　>>>

观赏犬的基础训练

观赏犬的基础训练包括安静休息、定点定时吃食和定点大小便。

（1）安静休息 观赏犬对主人十分依恋，常安卧在主人脚旁或角落一边，在主人上床休息时却呜咽或叫，会影响主人体息。因此，观赏犬的安静休息训练必不可少。训练方法是，在犬窝的铺垫物下面放只小闹钟，令犬进去休息，然后主人闭灯、上床。几次训练以后，由于有嘀嗒声做伴，犬不感觉寂寞，就会在主人闭灯后自动进窝休息，不再乱跑、乱叫了。待犬习惯后，就可以拿掉小闹钟。

（2）定点定时吃食 观赏犬进食应固定地点、固定容器，并培养其定时进食的习惯。可用铃声或某种声响作为信号，指挥其定时进食。

（3）定点大小便 一般在饲喂或起床以后，可以让犬到外边去散步，指定专门地点，让其排便。如果在室内让犬排便，要给犬准备一个容器（纸盒等），里面放有碎纸、沙子或木屑等，让犬排便。如果犬排错了地方，把犬拎到排错处，用纸卷成筒打它，并说："下次不许这样。"再把它带到允许它排便的地方，经过几次训练，犬便能养成定

点大小便的习惯了。也可用诱犬大小便定点剂来训练。

"随行"的训练

犬的"随行"训练就是使犬养成根据人的指挥，靠近人左侧并排前进的能力，并保持在行进中不超前、不落后的姿势。口令为"靠"，手势是左手轻拍左侧大腿侧部。

随行分为牵引随行和自由随行。牵引随行即给犬带上牵引带随行，脖圈的系戴要正确，以便在没有牵引拉力时松动。开始训练时，

令犬在左侧，用右手拿牵引带约齐腰高，左手保持自由状态以便抚拍奖励犬等。如果犬超前，后拉牵引带，同时给予"靠"的口令，并以短踏步前行。不要抓住犬靠近左边，甚至用右手拉，这样会让犬害怕，以至于你的手在做出最轻的动作时，也会使犬离开。

有意识地做些左右转弯或向后转，转弯时要发出"靠"的口令。一旦犬的姿势正确，应放松牵引带，以免犬感觉到压力。训练进一步深入时，对犬的刺激（如猛拉牵引带等）要轻，直到最后不用。应当强调，随行中需要很多的奖励，避免抓犬和牵拉牵引带。如果在用牵引带猛拉的情况下还不能纠正犬超前时，可用转弯的方法。如果偏离，则采用急转弯改变运动方向来纠正。在训练犬转弯时，为了使犬有时间转弯并能够和你靠近，在转弯的地方要慢，转过弯后，即加快速度。在犬熟悉随行工作后，转弯时尽可能将速度放快

一点。在转弯时必须以牵引带很快地猛拉，同时要发出"靠"的口令。

随行训练虽然次数要多，但时间不能太长，以免犬厌烦。当犬牵引随行动作准确后，可令犬不带牵引带而自由随行。首先，让犬坐在左侧，当驯犬员向前走时，下令"靠"，边走边鼓励犬。训练中，有多种因素可能使犬离开正确位置或跑开，但千万不要刺激犬或跟在犬后面追，只要简单地调引一下，即可继续进行训练。训练中要经常转弯，尽量多鼓励犬，并努力引起犬的注意。

"游散"的训练

游散是训练犬充分地自由活动的能力，以此缓和犬在训练或使用过程中神经活动的紧张状态，这也是一种奖励手段。训练的口令为"游散"，手势是右手向犬的前方一挥。训练时可与"随行""前来""坐下"三个课目同时穿插进行。训练时主人牵犬同时向前奔跑，待犬兴奋后，可放长训练绳，伴以温和音调发出"游散"口令，用手势指挥犬进行游散。当犬跑到主人跟前时，主人应放缓行进速度徐徐停下，让犬自由活动。经过几分钟后，主人应令犬前来，犬到跟前后，加以抚拍或给予食物奖励。按照此法，在一个时间段内训练2~3次，可连续进行。训练中，主人的态度表情应活泼、愉快。这一个课目经若干次训练后，犬即能随主人口令和手势自由活动。

该项训练主要在其他课目训练结束后进行，在早上犬刚出舍时训练，效果更好。当犬形成对"游散"的条件反射后，可停止训练，任其充分地自由活动。为便于控制犬，主人与犬相距以不超过20米为宜，并防止犬产生扑咬人畜或随地抢食等现象。如有此现象，应用训练绳扯拉，并以"非"的口令严加制止。

"前来"的训练

"前来"是培养犬根据主人的指挥，能迅速地回到主人的左侧并坐下的能力。口令是"来"，手势是左手侧伸与肩水平，然后自然放下。通过训练要求达到：呼唤犬名时，犬只要在能听到你的呼唤的地方就能迅速回来。来的动作应该迅速、愉快，并能在驯犬员对面坐下。等你发出"靠"的口令后，犬从你的右侧绕到你的左侧坐下，从而完成"来"的全过程。主人趁犬拖着训练绳游散之际，先叫犬的名字，以引起犬的注意，然后发出"来"的口令，同时边扯拉训练绳，边向后退以促使犬前来，当犬来到主人面前时，应及时给予奖励。这样经过多次的训练，犬就能根据"来"的口令顺利地跑到主人跟前。此外，还可以利用食物和能引起犬兴奋的物品诱导犬前来。

当犬根据"来"的口令和手势前来时，主人就用食物将犬引诱到左侧令犬坐下，然后将食物奖给犬。或当犬前来时，主人用左手将犬的脖圈拉住，轻轻向左后方带引，当犬体转正后，令犬坐于左侧，并及时进行奖励。

"坐下"的训练

培养犬能根据主人的指挥，迅速而准确地做出"坐"的动作，即犬臀部着地，后腿压在下面，前腿和身躯伸直。口令是"坐"，手势是正面坐为右臂侧伸，小臂向上，掌心向前成L形；左侧坐为左手轻拍左侧大腿部。

训练方法是主人先让犬靠左侧站立，然后发出"坐"的口令，同时用右手上提脖圈，左手向下推它的臀部。当犬在这种机械刺激的作用下被迫做出"坐"的动作后，应立即给予奖励。这样多次训练，直至犬对口令形成条件反射，再结合左侧坐的手势，使犬能根据口令和手势迅速而准确地坐下。正面坐的训练方法是主人将犬引导到自己的对面，左手握住牵引带，右手做出正面坐的手势，并发出"坐"的口令，同时上提牵引带迫使犬坐下，当犬坐下后立即给予奖励。经过多次训练后，犬对口令和手势即可形成牢固的条件反射。此时，可以培养犬坐的延缓能力。

"卧"的训练

培养犬根据主人的指挥能迅速卧下的能力。口令是"卧"，手势是，正面卧，右手上举，然后向前伸平，手心向下；侧面卧，右手从犬面前向下指。

主人令犬坐在左侧后，将右腿向前迈出一步，身体向前下方弯下，然后用右手所持的食物对犬进行引诱。当犬意图获取时，就趁机将食物从犬嘴的下方慢慢向前下方移动，同时发出"卧"的口令，并伴以向前下方扯拉牵引带的刺激。当犬卧下时，就及时用食物加以奖励。以后，随着条件反射的逐渐形成，可将食物和机械刺激逐渐取消，而以口令和手势令犬卧下即可。或令犬左侧坐下后，驯犬员左腿后退一步，以蹲下的姿势，两手分别握住犬的两前肢，发出"卧"的口令，并将犬的两前肢向前引伸，同时用左臂压犬的肩胛。当犬正确卧下时应给予及时奖励。重复训练，直至犬能根据口令和手势迅速做出反应后，即可进行卧的延缓训练，主人可逐渐远离，应用口令和手势训练犬做出卧的动作。

"立"的训练

训练犬能根据主人的指挥而站立的能力。口令是"立",手势是右臂自下而上向前平伸,手掌向上。

主人将犬带到较清静平坦的地方,令犬坐下。主人右手抓住犬的脖圈,左手伸向犬的后腹部。在发出"立"的口令的同时,左手向上托,使犬立起。当犬能站立时,主人要及时给予奖励。如此反复训练,直至使犬听到"立"的口令后立即站立。当犬在主人跟前听到"立"的口令能够站立后,主人就要逐渐远离犬,应用口令加上手势

训练犬站立。当犬站立后,就用口令"等着"来鼓励它,让它把"站着"的姿势保持一小会儿。以后逐渐增加犬站立的时间,每次时间有所延长后,都应该奖励它,直到犬最终能够舒服地"站着"。

"衔取"的训练

培养犬能根据主人的指挥而衔取物品的能力。衔取是犬的一种本能,它可以追溯到犬还没有被驯化的野生时代。那时犬为了生存,必须将其他动物的尸体运回巢穴。这种本能具有遗传性,因此,绝大多数犬对衔取感兴趣。但也有些犬因衔取而被人责怪过,要训练这些犬衔取是有困难的,只有较多的鼓励和正确的训练才能克服这

些困难。

衔取训练的目标是，犬在无牵引的前提下，坐在你的左侧，根据"衔"的口令，衔回事先抛出去或放置在正前方的物品。犬衔着物品不嚼也不吐，衔回来以后在你前面坐下，在你下令以前要一直衔着，直到下"吐"的口令，才将衔取物吐出。一般采用诱导和强迫两种方法进行衔取训练。

诱导的方法：在较为清静的环境内，选用犬感兴趣而又易衔的物品，持于右手，对犬发出"衔"的口令，接着将所持物品在犬面前摇晃，并重复"衔"的口令。当犬在引诱的情况下"衔"住物品时，给犬以奖励，待片刻后发出"吐"的口令，主人将物品接下，给犬以充分的奖励。每次重复2~3遍。当犬能衔、吐物品后，应逐渐减少引诱的动作，使犬完全根据口令衔、吐物品。

强迫的方法：让犬坐在主人的左侧，主人右手持物品，发出"衔"的口令，左手轻轻扒开犬嘴，将物品放入犬的口中，再用右手托住犬的下颚，同时发出"衔"和"好"的口令，并用左手抚拍犬的头部。当犬有试图吐出物品的表示时，应重复衔取的口令，并轻托犬的下颚。按上述方法，经过若干次训练，犬如能根据口令兴奋地衔、吐物品，即可转入下一步的训练。

衔取抛出的物品的训练方法：驯犬员牵着犬，当着犬的面，将物品抛至适当远的地方，再以右手指向物品，同时发出"衔"的口令，令犬前去衔取。如犬不去，则应引犬前去，并重复"衔"的口令和手势；当犬衔住物品后即发出"来"的口令，犬衔来以后，应以"好"的口令鼓励，随后令犬吐出物品，以抚拍奖励。若干次后，犬能顺利地将抛出物品衔回。

衔取送出的物品的训练方法：先令犬坐下等待，主人将物品当着犬的面送至10米左右能看到的地方，再回到犬的右侧，指挥犬前

去衔取。犬如能将物品衔回，应及时给以"好"的口令或抚拍奖励，并让犬坐于左侧，然后发出"吐"的口令，将物品接下再给予充分的奖励。如犬衔而不来时，应结合"前来"课目或运用训练绳加强训练。

"游泳"的训练

训练犬能根据指挥下水并穿游一定水面的能力。口令是"游"，手势是左手挥向水面。犬具有游泳的本能，但如果不加以训练，有些犬是不习惯下水的。因此，必须进行专门训练。训练方法是驯犬员将犬带到水边，用犬最感兴趣的物品逗引其充分兴奋后，抛入水中，同时发出"游"的口令，令犬前去衔来。若犬怕水，可一面抚拍鼓励，一面把它抱入浅水中。如此训练，即可建立条件反射。

"安静"的训练

犬在乱叫的情况下，能根据"静"的口令，保持安静下来的能力。训练方法是助驯员悄悄地接近犬，当犬欲叫时，驯犬员及时发出"静"的口令，同时轻击犬嘴或用手握住犬嘴，阻止犬吠叫，以使其保持安静。经过几次练习，犬对"静"的口令形成条件反射后，即能根据静的口令，保持安静，但还要有意识地进行刺激训练。

"禁止"的训练

禁止的训练是为了防止犬乱咬人、畜、家禽等不良行为，以及使犬不随地捡食和不吃陌生人给予的食物，防止意外事故的发生，口令是"非"。

（1）禁止捡食的训练　选择清静的环境，预先将食物放在明显的地方，然后让犬到这里游散，并使之逐渐靠近食物，当犬有吃食物的表现时，立即用威胁音调发出"非"的口令，并猛拉牵引带，当犬停止捡食，应予以抚拍奖励。

可将一些食物分别放在隐蔽之处（如藏入草中），仍采取上述方法进行训练。在近距离内能制止犬捡食的不良行为后，即可改用以训练绳掌握进行，直到除去训练绳后犬仍能根据口令立即停止捡食为止。但是，为了彻底纠正犬随地捡食的不良行为，除了有意布置食物进行专门训练外，还必须与日常的管理结合起来，经常进行训练。为了使犬对"非"的口令的条件反射不致发生减弱或消退，在以后的训练、使用和日常管理中，仍需适当结合机械刺激予以强化。

（2）拒绝他人给予食物的训练　主人将犬带至训练地点，助驯员很自然地接近犬，并给予食物。犬意图吃食时，助驯员就轻击犬嘴，然后再给犬吃；若犬仍有吃的意图，再给予较强的刺激。此时，主人就发出"叫"的口令，并佯打助驯员，给犬助威，以激起犬的主动防御反应。当犬对助驯员吠叫时，助驯员应趁机逃跑，而主人则应对犬奖励。也可采取助驯员将食物扔到犬的跟前，而后离去的方法。如犬表现扒食或捡食时，主人立即发出"非"的口令，并猛拉牵引带予以刺激，如犬不再捡食，即对犬奖励，并让其游散。

当犬有了以上基础以后，应进一步巩固和提高这一能力。其方法是，主人首先用牵引带把犬拴在一定地点，另外再用训练绳系在犬的脖圈上，将绳的另一端通入主人隐蔽的地方，以监视犬的行动。然后助驯员走近犬，并扔下肉块，如犬意图取食时，主人就在隐蔽处发出"非"的口令并猛拉训练绳。这样，在同一时间内连续训练2~3次，犬不再捡食时，助驯员即应离去，而主人则应从隐蔽处出

现，给犬奖励并让其游散。当这一能力形成后，还应结合扑咬进行训练。

（3）禁止犬乱咬人、畜、家禽等不良行为的训练 主人将犬带到有车辆、行人、牲畜、家禽等活动的地方，将牵引带放松，让其自由活动，并严密监视其行动，如犬有扑咬人、畜的表现时，应立即用威胁的音调发出"非"的口令，并伴随猛拉牵引带的机械刺激。当犬停止不良行为后，就用"好"的口令加以奖励。经过这样几次训练，便可根据其反应程度，改用训练绳掌握，直到能取掉训练绳为止。这一训练除了用一定时间专门训练外，主要应结合日常管理进行训练。

（4）禁止犬衔他人抛出去的物品的训练 主人牵犬到训练场后，由两名助驯员走到主人跟前，各持数件物品。第一助驯员先抛出物品，若犬欲衔时，主人当即下"非"的口令，同时伴以急拉牵引带禁止犬，当犬停止后加以奖励；接着再由第二助驯员抛出物品，犬若仍欲追衔，应重复禁止。在同一时间内连续进行3~4次训练，犬即可不再追衔他人抛出的物品。当犬有一定的基础后，可结合使用课目和日常管理进行训练。

第七章

犬的常见疾病与防治

第一节 常见寄生虫病 　　　　　〉〉〉

犬蛔虫病

本病是由犬蛔虫和狮蛔虫寄生于犬的小肠和胃内引起的，在我国分布较广，主要危害 1~3 月龄的仔犬，影响生长和发育，严重感染时可导致死亡。

【病原及其生活史】

犬蛔虫（犬弓首蛔虫）呈淡黄白色，头端有 3 片唇，体侧有狭长的颈翼膜。犬蛔虫的特点是在食道与肠管连接处有 1 个小胃。雄虫长 50~110 毫米，尾端弯曲；雌虫长 90~180 毫米，尾端直。狮蛔虫（狮弓蛔虫）颜色、形态与犬蛔虫相似，但无小胃；雄虫长 35~70 毫米，雌虫长 30~100 毫米。

犬蛔虫卵随粪便排出体外，在适宜条件下发育为感染性虫卵。3 月龄以内的仔犬吞食了感染性虫卵后，在肠内孵出幼虫，幼虫钻入肠壁，经淋巴系统到肠系膜淋巴结，然后经血流到达肝脏，再随血流到达肺脏，幼虫经肺泡、细支气管、支气管，再经喉头被咽入胃，到小肠进一步发育为成虫，全部过程 4~5 周。年龄大的犬吞食了感染性虫卵后，幼虫随血流到达身体各组织器官中，形成包囊，幼虫保持活力，但不进一步发育；体内含有包囊的母犬怀孕后，幼虫被激活，通过胎盘移行到胎儿肝脏而引起胎内感染。胎儿出生后，幼虫移行到肺脏，然后再移行到胃肠道发育为成虫，在仔犬出生后23～40天已出现成熟的犬蛔虫。新生仔犬也可通过吸吮初乳而引起感染，感染后幼虫在小肠中直接发育为成虫。狮蛔虫虫卵在外界适宜的条件下，发育为感染性虫卵，被犬吞食后，幼虫在小肠内逸出，进而钻入肠壁内发育后返回肠腔，经3～4周发育为成虫。

【诊断要点】

（1）临床症状　逐渐消瘦，黏膜苍白，食欲不振，呕吐，异嗜，消化障碍，先下痢而后便秘，偶见有癫痫性痉挛。幼犬腹部膨大，发育迟缓，感染严重时，其呕吐物和粪便中常排出蛔虫，即可确诊。

（2）实验室检查　可采用饱和盐水浮集法或直接涂片法，检查粪便内的虫卵进行确诊。

【防治措施】

（1）定期检查与驱虫　幼犬每月检查1次，成年犬每季度检查1次，发现病犬，立即进行驱虫。可用左咪唑，10毫克/千克体重，内服。或用甲苯咪唑，10毫克/千克体重，每天服2次，连服2天。磺苯咪唑15毫克/千克体重或用噻嘧啶（抗虫灵）5～10毫克/千克体重，内服。或用枸橼酸哌嗪（驱蛔灵）100毫克/千克体重，内服。

（2）搞好清洁卫生　对环境、食槽、食物的清洁卫生要认真搞好，及时清除粪便，并进行发酵处理。

犬眼虫病

【病原】

犬眼虫（结膜吸吮线虫）寄生于眼结膜囊和瞬膜下，为乳白色细小线虫，雄虫长 7～13 毫米，雌虫长 12～17 毫米，以蝇类作为中间宿主传播本病。本病流行有季节性（最适温度为 28℃左右）。

【症状】

初见结膜充血，眼球湿润，怕光流泪，之后有黏性分泌物流出，结膜囊和瞬膜下有密集的谷粒状小囊疱。

病犬不时用趾抓蹭眼面部，并反复摩擦颊额部，痛痒难忍，上下眼睑频频启闭，眼球明显凹陷，角膜浑浊，后期眼睑黏合，视力减退，甚至形成溃疡（未见有引起死亡的报道）。

【治疗】

绑定病犬，用去掉针头的注射器抽取 5% 盐酸左旋咪唑注射液 1～2 毫升，由病犬眼角徐徐滴入眼内，用手轻揉 1～2 分钟，翻开上下眼睑，用镊子夹灭菌湿纱布或棉球轻轻擦拭黏附其上的虫体，直到全部清除，再用生理盐水缓慢地反复冲洗患眼，用药棉拭干，涂抹四环素或红霉素眼膏。

犬绦虫病

寄生于犬小肠内的绦虫种类很多，不仅成虫期对犬的健康危害很大，而且幼虫期大多以其他家畜或人作为中间宿主，严重危害家畜和人体健康。现将几种主要绦虫介绍如下。

【病原及其生活史】

（1）犬绦虫（犬复孔绦虫、瓜实绦虫） 虫体呈淡红色，长10～50厘米，成熟体节长7毫米，宽2～3毫米，长卵圆形，外观如黄瓜籽状。每个成熟节片含两套雌雄生殖器官，生殖孔开口于体节两侧的中央部（图7-1）。蚤类及犬毛虱为犬绦虫的中间宿主，在其体内发育为似囊尾蚴。终宿主吞食了含似囊尾蚴的蚤或虱而被感染，在小肠内约经3周发育为成虫。

（2）线中绦虫（中线绦虫） 虫体长30～250厘米，最宽处为3毫米。成熟节片近方形，每节有一套生殖器官，子宫位于节片中央而呈纵的长囊状，故眼观该种绦虫的链体中央部似有一纵线贯穿。已知线中绦虫需两个中间宿主，第一中间宿主为食粪的地螨，在其体内形成似囊尾蚴；第二中间宿主为蛇、蛙、鸟类及啮齿类动物，似囊尾蚴在它们体内形成四槽蚴，多在第二中间宿主的腹腔或肝、肺等器官内被发现。四槽蚴被终宿主吞食后，经16～20天变为成虫。

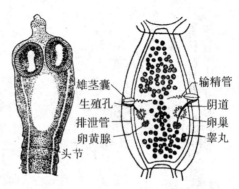

图7-1 犬复孔绦虫成虫与解剖图

（3）泡状带绦虫（边缘绦虫） 虫体长75～500厘米，前部节片宽而短，向后节片逐渐加长，成熟体节长宽为（10～14）毫米×（4～5）毫米。子宫有5～10对大侧枝再分小枝，每个节片有一套生殖器官，生殖孔在节片一侧不规则地交互开口。中间宿主为牛、羊、猪等家畜，幼虫为细颈囊尾蚴，寄生在中间宿主的肝脏、大网膜及肠系膜等处，犬吞食含细颈囊尾蚴的内脏而被感染，经36～73天在小肠发育为成虫。

（4）豆状带绦虫（锯齿绦虫）　虫体长 60~200 厘米，生殖孔不规则地在节片一侧交互开口，稍突出，使虫体侧缘呈锯齿状。成熟体节长宽为（10~15）毫米×（4~7）毫米，子宫有 8~14 对侧枝。中间宿主为家兔和野兔，幼虫为豆状囊尾蚴，寄生于兔的肝脏、网膜、肠系膜等处。犬吞食含豆状囊尾蚴的兔内脏，经 35~46 天发育为成虫。

（5）多头带绦虫（多头绦虫）　虫体长 40~100 厘米，最宽处为 5 毫米，子宫有 9~26 对侧枝。中间宿主为牛和羊，幼虫为多头蚴（脑共尾蚴），寄生于中间宿主脑内，有时也见于延脑或脊髓中。犬吞食含多头蚴的脑而被感染，经 41~73 天发育为成虫。

（6）细粒棘球绦虫　虫体由 1 个头节和 3~4 个节片组成，全长不超过 7 毫米（图 7-2）。成熟节片内有一套生殖器官，孕节长度超过虫体全长的一半，子宫呈囊状，没有侧枝，只有一些突起。细粒棘球绦虫的幼虫为棘球蚴，

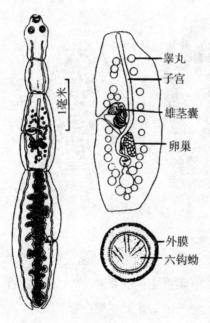

图 7-2　细粒棘球绦虫成虫
与解剖图

（右图标注：睾丸、子宫、雄茎囊、卵巢、外膜、六钩蚴；左图标注：1毫米）

寄生于多种动物和人的肝、肺及其他器官中，犬吃了含棘球蚴的脏器而被感染。

（7）曼氏迭宫绦虫（孟氏裂头绦虫）　虫体长约 100 厘米，宽

178

2~2.5厘米。头节呈指形，背腹各有一个纵行的吸槽。颈节细长，节片一般宽大于长。孕卵节片则长宽几乎相等。成熟节片中有一套生殖器官，节片前部中央有一圆形雄性生殖孔，子宫呈螺旋盘曲，位于节片中部，子宫末端开口与阴道口分别位于雄性生殖孔下方。虫体呈黄灰色，体节中央因子宫与虫卵而呈灰黑色点状连线。曼氏迭宫绦虫需要两个中间宿主，第一中间宿主为淡水桡足类（如剑水蚤），在其体内发育为原尾蚴；第二中间宿主为蛙类和蛇类（鱼类、鸟类甚至人可作为转运宿主），在其体内发育为裂头蚴。猫、犬为终末宿主，裂头蚴在其小肠内发育为成虫。

【诊断要点】

（1）临床症状 病犬除了偶然地排出成熟节片外，轻度感染通常不引人注意。严重感染时呈现食欲反常（贪食、异嗜），呕吐，慢性肠炎，腹泻、便秘交替发生，贫血，消瘦，容易激动或精神沉郁，有的发生痉挛或四肢麻痹。虫体成团时可堵塞肠管，导致肠梗阻、肠套叠、肠扭转和肠破裂等急腹症。

（2）检查绦虫节片 如发现病犬肛门口夹着尚未落地的绦虫孕节，以及粪便中夹杂短的绦虫节片，均可帮助确诊。节片呈白色，最小的如米粒，大的可长达9毫米左右。

【防治措施】

（1）治疗性驱虫 吡喹酮5~10毫克/千克体重，口服；或氢溴酸槟榔素2~4毫克/千克体重，口服。使病犬绝食12~20小时后给

药。为了防止呕吐，应在服药前15~20分钟给予稀碘酊液（水10毫升，碘酊2滴）；或吡喹酮5~10毫克/千克体重，口服；或盐酸丁萘脒25~50毫克/千克体重，口服，驱除细粒棘球绦虫用50毫克，间隔48小时再用1次。

（2）预防性驱虫　每年应进行4次预防性驱虫（每季度1次），繁殖犬应在配种前3~4周内进行。驱虫时应把犬隔离在一定范围内，以便收集排出的虫体和粪便，彻底销毁，防止散布病原。

（3）注意清洁卫生，消灭传染源　妥善处理屠宰废弃物，防止犬采食带有绦虫蚴的中间宿主或其未煮熟的脏器，保持犬舍和犬体清洁，经常用杀虫剂杀灭犬体上的蚤与虱，消灭啮齿动物。

犬螨病

犬螨病又叫犬疥癣，俗称癞皮狗病，是由犬疥螨或犬耳痒螨寄生所致，其中以犬疥螨危害最大。本病广泛分布于世界各地，多发于冬季，常见于皮肤卫生条件很差的犬。

【病原及其生活史】

（1）犬疥螨　浅黄色，呈圆形，背面隆起，腹面扁平。雄螨大小为（0.2 ~ 0.23）毫米×（0.14 ~ 0.19）毫米；雌螨大小为（0.33~0.45）毫米×（0.25 ~ 0.35）毫米。腹面有4对粗短的足，雄螨第一、第二、第四对足和雌螨第一、第二对足尖端有带柄的吸盘，吸盘呈喇叭形，柄长，不分节（图7-3）。

（2）犬耳痒螨　呈椭圆形，雄螨大小为0.32~0.38毫米；雌螨大小为0.43~0.53毫米。口器短圆锥形。足4对，较长，雄螨每对足末端和雌螨第一、第二对足末端均有带柄的吸盘，柄短，不分节。

犬疥螨和犬耳痒螨的全部发育过程都在动物体上度过，包括卵、幼虫、若虫、成虫4个阶段，其中雄螨为1个若虫期，雌螨为2个若虫期。

螨病主要由于健康犬与病犬直接接触或通过被螨及其卵污染的犬舍、用具等间接接触引起感染，也可通过管理人员或兽医人员的衣服和手传播病原。

【诊断要点】

（1）临床症状　疥螨病，幼犬症状严重，先发生于鼻梁、颊部、耳根及腋间等处，后扩散至全身。起初皮肤发红，出现红色小结节，以后变成水疱，水疱破溃后，流出黏稠黄色油状渗出物，渗出物干燥后形成鱼鳞状痂皮。患部极痒，病犬常以爪

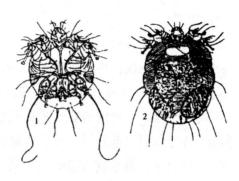

图7-3　雌螨

1. 腹面　2. 背面

抓挠患部或在地面以及各种物体上摩擦，因而出现严重脱毛。耳痒螨寄生于犬外耳部，引起大量的耳脂分泌和淋巴液外溢，且往往继发化脓。有痒感，病犬不停地摇头、抓耳、鸣叫，在器物上摩擦耳部，甚至引起外耳道出血。有时向病变较重的一侧做旋转运动，后期病变可能蔓延到额部及耳壳背面。

（2）实验室检查　症状不够明显时，可采取患部皮肤上的痂皮，检查有无虫体。检查方法：在患部及病健交界处，用手术刀刮取痂皮，直到稍微出血为止，将刮到的病料装入管内，加入10%苛性钠（或苛性钾）溶液，煮沸，待毛、痂皮等固形物大部分溶解后，静置20分钟，由管底吸取沉渣，滴在载玻片上，用低倍显微镜检查。

【治疗】

犬疥螨病应先用温肥皂水刷洗患部，除去污垢和痂皮后，再任选下列药物中的一种涂擦：溴氰菊酯（5%溴氰菊酯乳油，商品名"倍特"）使用浓度为 50 毫克/千克，巴胺磷（商品名"赛福丁"）使用浓度为 125～250 毫克/千克，二嗪农（地亚农，商品名"螨净"）使用浓度为 2000～4000 毫克/千克，双甲醚使用浓度为 250 毫克/千克。

治疗犬耳痒螨时，应先向耳内滴入石蜡油，轻轻按摩，以溶解并消除耳内的痂皮，再用加有杀螨药的油剂（例如雄黄 10 克、硫黄 10 克、豆油 100 毫升，将豆油烧开加入研细的雄黄和硫黄，候温）局部涂擦。也可用伊维菌素或灭虫丁注射液，用量为 200 微克/千克体重，皮下注射。苏格兰犬对伊维菌素敏感，慎用。伊维菌素的制剂——痒可平，对本病有很好的疗效，其用量为 1 毫升/14 千克体重，皮下注射，通常治疗 1～2 次即愈。

在治疗病犬的同时，应以杀螨药物彻底消毒犬舍和用具，将治疗后的病犬安置到已消毒过的犬舍内饲养。由于大多数治螨药物对螨卵的杀灭作用差，因此需治疗 2～3 次，每次间隔 5 天，以杀死新孵出的幼虫。

【预防】

①犬舍要宽敞、干燥、透光、通风良好。应经常打扫，定期消毒（至少每 2 周 1 次），饲养管理用具也应定期消毒。

②建立和加强外来（新补充）犬的检疫制度。

③病犬和健康犬应隔离饲养管理。对治疗完毕的病犬，需再隔离看管 3～4 周，确实痊愈后方可同健康犬接触。

犬蠕形螨病

犬蠕形螨病又称毛囊虫病或脂螨病，是由犬蠕形螨寄生于皮脂腺或毛囊而引起的一种常见而又顽固的皮肤病，多发于 5~10 月龄的幼犬。

【病原及其生活史】

犬蠕形螨呈半透明乳白色，虫体狭长如蠕虫样，体长为 0.25~0.3 毫米，宽约 0.04 毫米，从外形上可区分为前、中、后 3 个部分。口器位于前部呈蹄铁状，中部有 4 对很短的足，各足由 5 节组成，后部细长，表面密布横纹（图 7-4）。犬蠕形螨全部发育过程都在犬体上进行，包括卵、幼虫、若虫、成虫 4 个阶段，若虫有 3 期。犬蠕形螨多半在发病皮肤毛囊的上部寄生，而后转入底部，很少寄生于皮脂腺内。除寄生于毛囊内外，还能生活在犬的组织和淋巴结内，并有部分在其中繁殖。

图 7-4　犬蠕形螨

【诊断要点】

（1）临床症状

①鳞屑型。多发生于眼睑及其周围、口角、额部、鼻部及颈下部、肘部、趾间等处。患部脱毛，并伴以皮肤轻度潮红和发生银白色具有黏性的皮屑，皮肤显得略微粗糙而龟裂，或者带有小结节。后来皮肤呈蓝灰白色或红铜色，患部几乎不痒，有的长时间保持不变，有的转为脓疱型。

②脓疱型。多发于颈、胸、股内侧及其他部位，后期蔓延全身。

体表大片脱毛，皮肤肥厚，往往形成皱褶。有弥漫性小米至麦粒大的脓疱疹，脓疱呈蓝红色，压挤时排出脓汁，内含大量蠕形螨和虫卵，脓疱破溃后形成溃疡、结痂，有难闻的恶臭。脓疱型几乎没有瘙痒。若有剧痒，则可能是混合感染。病犬最终死于器官衰竭、中毒或脓毒症。

（2）实验室检查　切破皮肤上的结节或脓疱，取其内容物做涂片镜检，发现虫体即可确诊。

【防治措施】

隔离治疗病犬，并用杀螨药对被污染的场所及用具进行消毒。选用下述药物进行治疗：双甲醚，应用浓度为 250 毫克/千克，体表浴洗。伊维菌素 200 微克/千克体重，皮下注射。伊维菌素为杀线虫和杀蜘蛛、昆虫广谱驱虫药，故对疑似伴有心丝虫病的病犬慎用，以免因杀死心脏内的心丝虫，引起动脉血管堵塞而发生意外。14% 碘酊，涂布患部。对重症病犬除局部应用杀虫剂外，还应全身应用抗菌药物，防止继发感染。

犬弓形虫病

本病是一种世界性分布的人兽共患原虫病，在家畜及野生动物中广泛存在。全国各地均已报道有本病存在。

【病原及其生活史】

弓形虫病的病原是刚地弓形虫，简称弓形虫。其整个发育过程需要两个宿主。猫是弓形虫的终宿主，在猫小肠上皮细胞内进行类似于球虫发育的裂体增殖和配子生殖，最后形成卵囊，随猫粪排出体外。卵囊在外界环境中，经过孢子增殖发育为含有两个孢子囊的感染性卵囊。

弓形虫对中间宿主的选择不严，已知有 200 余种动物，包括哺乳类、鸟类、鱼类、爬行类和人都可以作为它的中间宿主。猫也可以作为弓形虫的中间宿主。在中间宿主体内，弓形虫可在全身各组织脏器的有核细胞内进行无性繁殖。

动物吃了猫粪中的感染性卵囊或含有弓形虫速殖子或包囊的中间宿主的肉、内脏、渗出物、排泄物和乳汁而被感染。速殖子还可通过皮肤、黏膜感染，也可通过胎盘感染胎儿。

【诊断要点】

（1）临床症状 多数为无症状的隐性感染。幼年犬和青年犬感染较普遍而且症状较严重，成年犬也有致死病例。症状类似犬瘟热、犬传染性肝炎，主要表现为发热、咳嗽、厌食、精神萎靡、虚弱、眼和鼻有分泌物，黏膜苍白，呼吸困难，甚至发生剧烈的出血性腹泻。少数病犬有剧烈呕吐，随后出现麻痹和其他神经症状。怀孕母犬发生流产或早产，所产仔犬往往出现排稀便、呼吸困难和运动失调等症状。血液检查，急性期病犬的红、白细胞减少，中性粒细胞增多，中性粒细胞减少和单核细胞增多者较少见。慢性病例的白细胞总数增多，主要为嗜中性粒白细胞增多，血小板减少，但没有出血倾向。

（2）实验室检查 仅依靠临床症状很容易与犬瘟热特别是神经型犬瘟热相混淆。因此，在进行流行病学分析并对临床症状进行综合判定后，还必须以检出病原体或证实血清中抗体滴度升高才能确诊。

【治疗】

对急性感染病例，可用磺胺嘧啶，每千克体重用 70 毫克；或甲氧苄氨嘧啶，每千克体重用 14 毫克，每天口服 2 次，连用 3~4 天。由于磺胺嘧啶溶解度较低，较易在尿中析出结晶，内服时应配合等

量碳酸氢钠，并增加饮水。此外，可应用磺胺–6–甲氧嘧啶（磺胺间甲氧嗜啶、制菌磺、SMM、DS–36）或磺酰氨苯砜。

【预防】

不喂生肉，并防止犬捕食啮齿类动物，防止猫粪污染饲料及饮水。

第二节 常见传染病 　　　　　　　　　　　　 >>>

犬瘟热

犬瘟热主要危害幼犬，其病原体是犬瘟热病毒。病犬以呈现双相热型、鼻炎、严重的消化道障碍和呼吸道炎症等为特征，患病的后期常出现神经症状。

病犬的各种分泌物、排泄物（鼻汁、唾液、泪液、心包液、胸水、腹水及尿液）以及血液、脑脊髓液、淋巴结、肝、脾、脊髓等脏器都含有大量病毒，并可随呼吸道分泌物及尿液向外界排毒。健康犬与病犬直接接触或通过污染的空气或食物而经呼吸道或消化道感染。除幼犬最易感染外，毛皮动物中的狐、水貂对犬瘟热也十分易感。

【诊断要点】

（1）流行特点　本病寒冷季节（10月份至翌年4月间）多发，特别多见于犬类比较集聚的单位或地区。哺乳仔犬由于可从母乳中获得抗体，故很少发病。一旦犬群发生本病，除非在绝对隔离条件下，否则其他幼犬很难避免感染。通常以3月龄至1岁的幼犬最易感。

（2）临床特征　体温呈双相热型（即病初体温升高至40℃左右，持续1~2天后降至正常，经2~3天后，体温再次升高）；第二次体温升高时（少数病例此时死亡）出现呼吸道症状，病犬咳嗽，打喷嚏，流浆液性至脓性鼻汁，鼻镜干燥；眼睑肿胀，化脓性结膜炎，后期常可发生角膜溃疡；下腹部和股内侧皮肤上有米粒大红点、水肿和化脓性丘疹；常发呕吐；初便秘，不久下痢，粪便恶臭，有时混有血液和气泡。少数病例可见足掌和鼻翼皮肤角化过度性病变。

有的病犬，病初就出现神经症状，有的在病后7~10天才呈现神经症状。轻者口唇、眼睑局部抽动，重者流涎空嚼，或转圈、冲撞，或口吐白沫，牙关紧闭，倒地抽搐，呈癫痫样发作，持续数秒至数分钟不等，发作次数也是每天数次到十多次不等。此种病犬大多预后不良，有的只是局部性抽搐或一肢两肢及整个后躯的抽搐麻痹、共济失调等神经症状，此类病犬即使痊愈，也常留有后躯无力等后遗症。

由于本病常与犬传染性肝炎等病混合感染及继发感染细菌，使症状复杂化，因此，单凭上述症状只可做出初步诊断，最后确诊还须采取病料（眼结膜、膀胱、胃、肺、气管及大脑、血清）送往检验单位，做病毒分离、中和试验等特异性检查。

【防治措施】

（1）定期预防接种　我国生产的犬瘟热疫苗有细胞培养弱毒疫

苗，为了提高免疫效果，应按以下免疫程序接种。仔犬 6 周龄时为首次免疫时间，8 周龄进行第二次免疫，10 周龄进行第三次免疫，以后每年免疫 1 次，每次的免疫剂量为 2 毫升，可获得一定的免疫效果。鉴于疫苗接种后需经一定时间（7~10 天）才能产生良好的免疫效果，而目前犬瘟热的流行比较普遍，有些犬在免疫接种前就已感染犬瘟热病毒，但未呈现临床症状，在某些应激因素（生活条件的改变、长途运输等）的影响下，仍可激发呈现临床症状而发病，这就是某些犬在免疫接种后仍然发生犬瘟热等疫病的重要原因之一。

为了提高免疫效果，减少感染率，在购买仔犬时，最好先给仔犬接种犬五联高免血清 4~5 毫升，1 周后再注 1 次，2 周后再按上述免疫程序接种犬五联疫苗，这样既安全可靠，又可减少发病率。

（2）加强兽医卫生防疫措施　各养殖场应尽量做到自繁自养，在本病流行季节，严禁将场外的犬带到场内。

（3）及时隔离治疗　及时发现病犬，早期隔离治疗，预防继发感染，这是提高治愈率、减少死亡率的关键。病的初期可肌内或皮下注射抗犬瘟热高免血清（或犬五联高免血清）或本病康复犬血清（或全血）。血清的用量应根据病情及犬体大小而定，通常使用 5~10 毫升/次，连续使用 3~5 天，可获一定疗效。有资料显示，在用高免血清治疗的同时，配合应用抗毒灵冻干粉针剂，可提高治疗效果，其用法及用量为：治疗前用灭菌生理盐水或注射用水 20 毫升将抗毒灵溶解，中等大的犬静脉滴注 2~4 瓶，月龄较小的犬，用量可酌减。据报道，在病的初期应用犬病康注射液治疗，具有较好的疗效，尤其在与高免血清同时使用时，其疗效要比单用的好。犬病康的用法及用量为 0.1~0.3 毫升/千克体重，肌内注射，1~2 次/日，重危病例可酌情加量。此外，早期应用抗生素（如青霉素、链霉素等）并配合对症治疗，对于防止细菌继发感染和病犬康复均有重要意义。

（4）加强消毒　对犬舍、运动场应以各种消毒药，如百毒杀、1210、威岛牌消毒剂、次氯酸钠等进行彻底大消毒。

狂犬病

狂犬病，人和各种动物都可感染，其病原是狂犬病病毒。病犬主要表现为狂躁不安和意识紊乱，攻击人畜，最后发生麻痹而死亡，因此又称疯狗病。

狂犬病病毒主要存在于病畜的脑组织及脊髓中。病犬的唾液腺和唾液中也有大量病毒，并随唾液向体外排出。病犬出现临床症状前的10~15天至症状消失后的6~7个月内，唾液中都可含有病毒，因此，当动物被病畜咬伤后，就可感染发病。有些外表健康的犬、猫，其唾液中也可含有病毒，当它们舔人或其他动物，或与人生活在一起时，也可使人感染发病。

除此之外，很多野生动物，如狼、狐、鹿、蝙蝠等感染本病后，不仅可发病死亡，还可扩大传播。有些品种的蝙蝠（如非洲吸血蝙蝠），感染狂犬病病毒后，也经常袭击人畜，使之感染发病。呼吸道分泌物及尿液污染的空气，也可引起人畜的呼吸道感染。野生动物可因扒食病尸而经消化道感染。由此可见，狂犬病的感染途径是多方面的，不像过去所认为的只是通过咬伤感染。

【诊断要点】

（1）流行特点　本病通常以散发的形式，即发生单个病例为多，大多数有被疯病动物咬伤的病史，一般春夏发病较多，这与犬的性活动有关。

（2）临床特征　病犬表现为狂暴不安和意识紊乱。病初主要表现为精神沉郁，举动反常，如不听呼唤，喜藏暗处，出现异嗜，好

食碎石、木块、泥土等物，病犬常以舌舔咬伤处。不久，即狂暴不

安，攻击人畜，常无目的地奔走。外观病犬逐渐消瘦，下颌下垂，尾下垂并夹于两后肢之间，声音嘶哑，流涎增多，吞咽困难。后期，病犬出现麻痹症状，行走困难，最后因全身衰竭和呼吸麻痹而死。具有上述典型症状的病例，结合有被咬伤的病史，可做出初步诊断。咬人的犬不一定都是狂犬病犬，但也确实存在着相当数量的无临床症状的带毒犬及呈现临床症状前就向外排毒的犬。所以，对咬过人、畜的可疑病犬，不应立即打死，应将其捕获，至少隔离观察两周，如两周内不呈现症状，证明不是狂犬病，可以解除隔离。

如出现临床症状，最好待其自然死亡后，进行剖检，如见胃内空虚或充满异物，胃黏膜发炎明显，而其他脏器无特异性变化，则应采取犬脑，送化验室做特异性检查，如神经细胞内的内基氏小体检查、荧光抗体或酶联免疫吸附试验，以查明脑组织中是否存在狂犬病病毒。也可将脑组织悬浮液接种给家兔或小白鼠，做出确诊。

【防治措施】

（1）家养的犬，应定期进行预防接种 目前我国生产的狂犬病疫苗有两种，即狂犬病疫苗与狂犬病弱毒细胞冻干苗。狂犬病疫苗，犬的用量是：体重4千克以下的3毫升，4千克以上的5毫升。被病犬咬伤的动物，应立即紧急预防接种，在这种情况下，只接种1次疫苗是不够的，应以3~5个月的间隔接种2次。接种疫苗的犬可获半年的免疫期。另一种疫苗是狂犬病弱毒细胞冻干苗。使用前，应以灭菌的注射用水或生理盐水按瓶签规定的量稀释，摇匀后，不论大小，每犬一律皮下或肌肉注射1毫升，可获1年的免疫期。无论接种哪种疫苗的犬，一般无不良反应，有时在注射局部出现肿胀，很快即可消失。这两种疫苗对体弱、临产或产后的母犬及幼龄犬都不宜注射。注射后7日内的犬，应避免过度训练，并注意观察其健康状况。也可注射犬五联疫苗（其中含有狂犬病疫苗）。

（2）加强检疫　未注射疫苗的犬入境时，除加强隔离观察外，必须及时补注疫苗，否则禁止入境。对无人饲养的野犬及其他野生动物，尤其是本病疫区的野犬，应捕杀。

（3）对已出现临床症状的病犬及病畜应立即捕杀，不宜治疗尸体应深埋，不准食用。对刚被咬伤的犬，要及时治疗。其治疗效果取决于治疗的时间及对发病局部处理是否彻底。在咬伤的当时，先让发病局部出血，再用肥皂水充分冲洗创口，以排出发病局部组织内的病毒，后用0.1%升汞液或酒精、碘酒等处理。如有狂犬病免疫血清，在创口周围分点注射（用量为每千克体重按1.5毫升计算，最好在咬伤后72小时内注完）更好。如无血清，应及时用疫苗进行紧急预防接种。

另外，对被咬伤的人，应迅速以20%肥皂水彻底冲洗伤口，并用3%碘酒处理，还要及时接种狂犬病疫苗（第一、第三、第七、第十四、第三十天各注射1次，至第四十及第五十天再加强注射1次），常可取得防治效果。

犬细小病毒病

本病是犬的一种急性传染病，临床上病犬多以出血性肠炎或非化脓性心肌炎为主要特征。有时其感染率可高达100%，致死率为10%~50%。原解放军兽医大学于1982年在长春地区首次分离出该病毒，从而证实了我国也有本病存在。犬、猫和貂的细小病毒具有一定的抗原相关性。

病犬是本病的主要传染源，病犬的粪、尿、呕吐物和唾液中含毒量最高。病犬不断向外排毒而感染其他健康犬，康复犬粪便中长期带毒。因此，犬群中一旦有犬发病，极难彻底清除。除犬外，狼、狐、浣熊也可自然感染。本病主要通过直接或间接接触而感染。

犬细小病毒对外界因素的抵抗力较强，于60℃环境可存活1小时，在偏酸、偏碱的环境中病毒仍有感染性。在粪便和固体污染物中的病毒可存活数月至数年。于低温环境，其感染性可长期保持。0.5%福尔马林、0.5%过氧乙酸、5%~6%次氯酸钠等都可作为该病毒的消毒剂。

【诊断要点】

（1）流行特点 此病的流行无明显季节性，但在寒冷的冬季较为多见。刚断奶不久的幼犬多以心肌炎综合征为主，青年犬多以肠炎综合征为主。

（2）临床特征 本病在临床上主要以两种形式出现，即肠炎型和心肌炎型。

①肠炎型。潜伏期为7~14天，一般先呕吐后腹泻，粪便呈黄色或灰黄色，内含多量黏液和伪膜。病后2~3天，粪便呈番茄汁样，混有血丝，并有特殊腥味。病犬很快呈现脱水症状，此时病犬精神

沉郁，食欲废绝，体温升至 40℃ 以上，渴欲增加。有的病犬到后期体温低于常温，可视黏膜苍白，尾部及后腹部常被粪便污染，严重者肛门松弛并开张。

②心肌炎型。幼犬呼吸困难，心悸亢进，可视黏膜苍白，体质衰竭，常突然死亡。通常可根据上述流行特点、临床症状做出初步诊断。在临床上应注意观察病犬是否有呕吐和腹泻的情况，如果要进一步确诊，应早期采取病犬腹泻物，用 0.5% 的猪红细胞悬液，在 4℃ 的环境中按比例混合，观察其对红细胞的凝集作用。必要时也可将粪便样品送检验单位做电镜检查，进行确诊。

【防治措施】

（1）平时应做好免疫接种　国内生产的犬细小病毒病灭活疫苗都与其他疫苗联合使用。使用犬五联弱毒疫苗时，对 30~90 日龄的犬应注射 3 次，90 日龄以上的犬注射 2 次即可，每次间隔为 2~4 周，每次注射 1 个剂量（2 毫升），以后每半年加强免疫 1 次。但仔犬体内的母源抗体能影响疫苗的免疫效果。解放军农牧大学研制的犬五联苗，其中的细小病毒是从貉体内分离到的，它对仔犬体内的母源抗体有较强的抵抗力，不存在免疫干扰现象，因此，可按犬瘟热的免疫程序免疫。

（2）及时隔离　当犬群暴发本病后，应及时隔离，对犬舍和饲具，用 2%~4% 烧碱、1% 福尔马林、0.5% 过氧乙酸或 5%~6% 次氯酸钠反复消毒。对无治愈可能的犬，应尽早捕杀，焚烧深埋。

（3）病犬的治疗　心肌炎型病犬病程急剧，迅速恶化，常来不及救治即已死亡。肠炎型病犬若能及时合理治疗，可明显降低死亡率。病的早期，在应用高免血清的同时，采用强心、补液、抗菌、消炎、抗休克和加强护理等措施，可提高治愈率。

①免疫血清。早期使用可提高疗效。犬群一旦确诊为本病，应

立即给其他病犬应用高免血清或康复犬血清。高免血清的用量为0.5~1毫升/千克体重,康复犬血清为0.5~2毫升/千克体重,连用3~5天。如高免血清与其他抗菌消炎药同时使用,可提高疗效。

②补液。犬常因脱水而死,因此补液是治疗本病的主要措施。应根据犬的脱水程度与全身状况,确定所需添加的成分和补液量,一般静脉补液量为60毫升/千克体重。

a. 静脉补液。25%葡萄糖液5~40毫升,维生素C 2~10毫升,能量合剂5~20毫升,一次缓慢静脉滴注,1~2次/日。5%糖盐水50~500毫升,维生素C 2~10毫升,三磷酸腺苷注射液0.5~2毫升,5%碳酸氢钠50~100毫升,抗生素等,一次缓慢静脉滴注,2次/日。输液中要严格控制输液量和输液速度,注意心脏的功能状况,否则易造成治疗失败。

当病犬表现严重呕吐、腹泻时需纠正脱水、电解质紊乱和酸碱平衡,可静脉滴注乳酸林格氏液50~500毫升,25%葡萄糖液5~40毫升,盐酸山莨菪碱注射液0.3~1毫升,2次/日。

b. 口服补液。当病犬表现不食,心跳加快,如无呕吐,具有食欲或饮欲时,可给予口服补液盐:氯化钠3.5克、碳酸氢钠2.5克、氯化钾1.5克、葡萄糖20克,加水1000毫升,任犬自由饮用或深部灌肠。

c. 腹膜腔补液。如病犬静脉滴注困难,可进行腹膜腔补液,用量为70毫升/千克体重。

③抗菌消炎。可应用各类广谱抗生素,但不要长时间使用,以防肠道正常菌群失调,反而延缓肠道消化功能的恢复。抗毒灵冻干粉剂和抗毒素1号注射液,对本病有较好的疗效。一般15千克以下的犬,静脉滴注冻干粉1安瓿/日;15千克以上的犬,2安瓿/日,同时应用1号注射液,10~30毫升/日。止痢一片灵(增效泻痢宁

片），系由多种中药提取有效成分制得的中西结合的广谱抗菌和抗病毒制剂，对本病有较好的疗效。用法及用量：2~4千克体重的犬口服1~2片，5~10千克的犬口服2~4片，每日1~2次。由病毒引起的腹泻，药量加倍。

（4）止吐　呕吐严重者可肌肉注射爱茂尔、灭吐灵（胃复安）0.3~2毫升。

（5）抗休克　休克症状明显者可肌注地塞米松（氟美松）5~15毫克，或盐酸山莨菪碱注射液0.3~1毫升。

（6）加强护理　注意对病犬保暖，腹泻期间应停喂牛奶、鸡蛋、肉类等高蛋白高脂肪性饲料，给予易消化的饲料，以减轻胃肠负担，提高治愈率。

钩端螺旋体病

钩端螺旋体病是一种人畜共患病，犬对本病也很易感，世界各国都有发生，病原体是钩端螺旋体。由于感染的菌型不同，其临床特点也不一样：有的症状明显，病犬呈现高热，黏膜出血、黄疸、溃疡或坏死，血红蛋白尿；有的病例呈隐性经过，缺乏明显的临床症状。钩端螺旋体的菌型不下数十种。

我国已从病犬体内分离出该病的8个菌型。犬型最常见，其次为黄疸出血型及波摩那型。几乎所有的温血动物都可感染，而且可以长期存在于感染动物体内，成为主要的贮存宿主。如鼠类感染后，大多是健康带菌者，带菌时间长，并可通过尿液向外排菌，而成为重要的传染源。家畜中猪、犬也是重要的传染源。带菌的动物，可随尿排菌，污染水源、土壤。当犬接触这些染菌的水、土壤或尿后，就可通过破损的皮肤、黏膜及消化道感染。通过性交感染的可能性

很大，因为公犬有用鼻和舌嗅舔自己或母犬生殖器的习惯。

【诊断要点】

（1）流行特点　该病的发生多与接触病犬或带菌鼠的尿有密切关系。通常公犬发病较多，幼龄犬比老龄犬发病多，常散发。

（2）临床特征　病犬的临床表现有以下几种特征。

①由黄疸出血型钩端螺旋体所引起的病犬，开始高热，但第二天体温就下降至常温或以下，不久在眼结膜和口腔黏膜上出现黄疸。病犬体质虚弱，食欲不振，呕吐，精神沉郁，四肢（尤其后肢）乏力，尿量减少，呈黄红色，大便中有时混有血液。

②由犬型钩端螺旋体引起的病犬，黄疸症状不明显，一般表现为呕吐，排带血的粪便，腹痛，口腔恶臭，黏膜发生溃疡，舌部坏死、溃烂，腰部触压时敏感，多尿，尿内含有大量蛋白质、胆色素，病犬多因尿毒症而死亡。

③剖检特征通常以黄疸、各脏器的出血、消化道黏膜的坏死为特征，腹水增多，且常混有血液，肠黏膜有小出血点，肝大，胆囊充满带有血液的胆汁。

根据以上特点，可做出初步诊断，确诊要靠病原学检验和血清学检查。

【防治措施】

①避免犬与带菌动物（尤其是猪与鼠类）及被其尿所污染的水、饲料接触。被污染的环境，可用2%~5%漂白粉溶液，或2%氢氧化钠，或3%来苏儿消毒。

②驱鼠、灭鼠。

③严禁饲喂病畜肉及带菌动物的生肉及其产品。

④对较大的犬群每年进行1次检疫，发现病犬及可疑感染犬，应及时隔离。青霉素、链霉素对本病有很好的疗效，尤其在早期应

用，效果更好。但必须连续治疗 3~5 天，才能起到消除肾脏内钩端螺旋体的作用。

⑤采取药物预防。目前，我国尚无犬用单价钩端螺旋体菌苗，但国内有与其他疫苗结合的六联苗，可给犬预防接种，但菌苗必须包括当地主要流行菌型。如无菌苗，可在流行期间采用药物预防，即在饲料中加入土霉素（每千克饲料加入土霉素 0.75~1.5 克）或四环素（按 1~1.5 毫克/千克体重），连喂 7 天，可控制犬的感染。

⑥饲养病犬的人员，不要再与健康犬接触。

结核病

本病是由结核分枝杆菌引起的多种家畜、家禽、野生动物及人的传染病。犬对结核分枝杆菌也比较易感。结核分枝杆菌有牛型、人型和禽型 3 型。犬的结核病主要是由人型和牛型结核菌所致，极少数由禽型结核菌所引起。犬可经消化道、呼吸道感染。病犬能在整个病期随着痰、粪尿、皮肤病灶分泌物排出病原，对人有很大威胁。

结核分枝杆菌对外界环境的抵抗力很强，对干燥和湿冷的抵抗力较强，而对高温的抵抗力弱，将其置于 60℃ 的环境中 30 分钟即可将其杀死。常用消毒药需经 4 小时才可将其杀死。70%酒精、10%漂白粉溶液、次氯酸钠等均有可靠的消毒效果。

【诊断要点】

（1）临床特征 结核病犬常缺乏明显的临床表现和特征性的症状，只是逐渐消瘦，体躯衰弱，易疲劳、咳嗽（干咳或有脓痰）。肠结核时，出现反复腹泻，食欲明显降低，淋巴结核则以浅表淋巴结

肿大为特征。肠系膜淋巴结发生结核肿大明显时，可严重影响消化，犬的皮肤结核多发于喉头和颈部，病灶外观为边缘不整的肉芽组织状溃疡。

（2）结核菌素试验 大多数结核病犬缺乏明显的特征性症状。而结核菌素试验对于病犬的诊断具有一定的意义。试验时，可用提纯结核菌素，于大腿内侧或肩胛上部皮内注射 0.1 毫升，经 48～72 小时后，结核病犬在注射部位可发生明显肿胀，其中央常发生坏死（阳性反应）。也可用 1∶2 稀释的结核菌素做点眼试验，每次检疫点眼 2 次（间隔 3～5 天），每次在同一眼内滴入结核菌素 3～4 滴（约 0.3 毫升），于点眼后 3 小时、6 小时、9 小时各观察 1 次，出现眼睑肿胀、有多量黏脓性分泌物、流泪者判为阳性。

除此之外，还可进行血清学试验。病犬死后可采取病变组织进行病理组织学检查。

（3）病理剖检特征 肺脏有灰白色结核结节，甚至出现肺空洞，严重时伴发结核性支气管炎和胸膜炎，肠黏膜上的结核病灶为带堤状边缘的溃疡。

【防治措施】

①种犬繁殖场及家庭养观赏犬，应定期进行结核病检疫。发现开放性结核病犬应立即淘汰。结核菌素阳性犬，除少数名贵品种外，也应及时淘汰，绝不能再与健康犬混群饲养。

②需要治疗的犬，应在隔离条件下，应用抗结核药物治疗，如异烟肼 4～8 毫克/千克体重，每天 2～3 次内服；利福平 10～20 毫克/千克体重，每天 2～3 次内服。

③对犬舍及犬经常活动的地方要进行严格的消毒，严禁结核病人饲喂和管理犬。

大肠杆菌病

本病是新生仔犬的一种急性肠道传染病，以发生败血症、腹泻为临床特征，病原体为大肠杆菌。大肠杆菌广泛存在于健康犬的肠道、土壤、粪便、水中，但并不是所有的大肠杆菌都有致病性，只是部分有致病性的菌株在饲养管理不良、犬舍卫生条件差、奶水不足、气候剧变等条件下，才能引起仔犬发病。

【诊断要点】

（1）流行特点 本病主要发生在 1 周龄以内的仔犬身上，病的发生与不良的饲养管理有密切关系。

（2）临床特征 病仔犬表现精神沉郁，体质衰弱，食欲不振，最明显的症状是腹泻，排绿色、黄绿色或黄白色，黏稠度不均，带腥臭味的粪便，粪便中常混有未消化的凝乳块和气泡，病仔犬肛门周围及尾部常被粪便所污染。至后期，病仔犬常出现脱水症状，可视黏膜发绀，两后肢无力，行走摇晃，皮肤缺乏弹力，死前体温降至常温以下，病死率较高，有的在临死前出现神经症状。

通常根据发病年龄及腹泻特点，即可做出初步诊断，必要时应采取病死犬小肠内容物送检。

【防治措施】

①加强饲养管理，搞好环境卫生。尤其是母犬临产前，产房应彻底清扫消毒，母犬的乳房污染时，要及时清洗。

②发现病犬应立即治疗。很多药物对大肠杆菌都有较好的疗效，但必须早期发现、早期治疗。常用的药物有磺胺类药物、氯霉素、大蒜酊，以及其他消炎止泻的药物，如止痢一片灵用量，2~4 千克体重服 1~2 片，5~10 千克体重服 2~3 片，每日 1~2 次。对重症病

例，可静脉或腹腔注射葡萄糖盐水和碳酸氢钠溶液，并保证足够的清洁饮用水，预防脱水。对同窝未发病的仔犬，可用上述药物预防。

第三节 常见内科病 〉〉〉

口炎

口炎按炎症的性质可分为卡他性、水疱性和溃疡性口炎，以卡他性口炎较多见。

【病因】

最常见的原因是粗硬的骨头、尖锐的牙齿、钉子、铁丝等直接损伤口腔黏膜，再继发感染而发生口炎，其次是误食生石灰、氨水、霉败饲料、浓度过大的刺激性药物，或继发于舌伤、咽炎或某些传染病。

【诊断要点】

病犬拒食粗硬饲料，喜食液状饲料和较软的肉，不加咀嚼即行吞咽或咀嚼几下又将食团吐出。唾液增多，呈白色泡沫附于口唇，或呈牵丝状流出，炎症严重时，流涎更明显。检查口腔时，可见黏膜潮红、肿胀，口温增高，感觉过敏，呼出气有恶臭。水疱性口炎时，可见到大小不等的水疱。犬患溃疡性口炎时，口腔黏膜上有糜烂、坏死或溃疡。根据病史、病因和临床症状即可确诊。

【防治措施】

（1）消除病因 拔除刺在黏膜上的异物，修整锐齿，停止口服有刺激性的药物。

（2）加强护理　给以液状食物，常饮清水，喂食后用清水冲洗口腔等。

（3）药物治疗　一般可用1%食盐水，或2%~3%硼酸液，或2%~3%碳酸氢钠溶液冲洗口腔，每日2~3次。口腔恶臭的，可用0.1%高锰酸钾液洗口。唾液过多时，可用1%明矾或鞣酸液洗口。口腔黏膜或舌面有糜烂或溃疡时，在冲洗口腔后，用碘甘油（5%碘酒1份，甘油9份），或2%龙胆紫或1%磺胺甘油乳剂涂抹创面，每日2~3次。对严重的口炎病犬，可口衔磺胺明矾合剂（长效磺胺粉10克，明矾2~3克，装入布袋内）或服中药青黛散，都有较好的疗效。

咽炎

【病因】

多因粗硬的食物、尖锐异物、化学药物或冷热的刺激所致，此外，还会继发于某些传染病。

【诊断要点】

病犬头颈伸展，不愿活动，触压咽部时，病犬躲闪，表现伸颈摇头，并发咳嗽。吞咽障碍和流涎是本病的特征，病犬吞咽食物时甚感困难，或将食块吐出。口腔内常蓄积有多量黏稠的唾液，呈牵丝状流出，或于开口时大量流出。病犬因吞咽障碍，采食减少而迅速消瘦。继发性咽炎，全身症状明显。根据病史和临床症状即可确诊。

【防治措施】

（1）加强护理　将病犬置于温暖、干燥、通风良好的犬舍内，

给予流质食物，勤饮水。重症不能吃食时，应停止喂饲，可静脉注射 10%~25% 葡萄糖液，或进行灌肠，以补充营养。

（2）消除炎症 为了促进炎性渗出物的吸收，可用温水或白酒于咽部温敷，每次 20~30 分钟，每天 2~3 次。或咽部涂擦 10% 樟脑酒精，或用复方醋酸铅散涂敷等。重症病例应配合全身疗法，注射抗生素或磺胺类药物。

食管梗塞

【病因】

①过度饥饿，采食过急，大块食物未经充分咀嚼就咽下，或采食中受到惊扰，突然扬头吞咽等。

②由于嬉戏而误咽手套、木球等异物使食管梗塞。

③饲料中混有骨块、肉块、鱼刺等物，吃食时发生阻塞。食管梗塞可发生于食管的任何部位，但以食管的胸腔入口处和进入食管裂孔处最易发生。

【诊断要点】

在食管不完全梗塞时，突然发病，病犬表现轻度的骚动不安、呕吐和哽噎动作，摄食缓慢，拒食大块的食物（肉块、骨头），吞咽时有疼痛表现。完全梗塞及被尖锐的异物阻塞时，病犬则突然完全拒食，高度不安，头颈伸直，大量流涎，出现哽噎或呕吐动作，吐出带泡沫的黏液和血液，常以后肢搔抓颈部，或发生阵咳，甚至窒息。根据病史和突然发生的特殊症状，结合用胃管探诊发现阻塞部位等，即可确诊。如有条件，可做 X 射线透视或照相，即可确定其具体部位。

【防治措施】

①饲喂一定要做到定时定量，不能饥饿过度，应在其他食品吃

完之后再喂给骨头，训练中要防止犬误食异物。

②轻度梗塞往往在经过多次哽噎或在痉挛性吞咽后，阻塞物被吐出或自行进入胃中而痊愈，多数需给予治疗处理。可先灌服10~20毫升液状石蜡或植物油，然后皮下注射硝酸毛果芸香碱（硝酸匹罗卡品），用量为3~20毫克/次，经数小时后，有的可治愈。也可在灌服液状石蜡后，用细的胃管小心地将异物向胃内推进。或在胃管上连接打气筒，有节奏地打气，趁食管扩张时，用胃管将阻塞物缓缓推进胃内。如上述疗法无效时，可用食管窥镜和异物钳将异物取出，必要时做食管切开术取出梗塞物。

胃炎

胃炎可分为急性胃炎和慢性胃炎两种，犬以急性胃炎居多。

【病因】

①由于过食或吃了腐败变质的食物、异物或有刺激性的药物等。

②继发于某些传染病和寄生虫病。

③胃黏膜长期受到刺激，贫血，胃酸缺乏，营养不良等。

【诊断要点】

病犬精神沉郁、呕吐和腹痛是其主要症状。初期吐出物主要是食糜，以后则为泡沫样黏液和胃液。由于致病原因的不同，其呕吐物中可混有血液、胆汁甚至黏膜碎片。病犬渴欲增加，但饮水后即发生呕吐，食欲明显降低或拒食，或因腹痛而表现不安。呕吐严重时，可出现脱水或电解质紊乱症状。检查口腔时，常可看到黄白色舌苔和闻到臭味。根据病史和临床症状，可做出诊断。

【防治措施】

（1）限制饮食　一般至少要停饲24小时。此时如不呕吐，可多次给予少量的清水或冰块，以能维持口腔湿润为度。然后喂以糖盐米汤，或高糖、低脂、低蛋白、易消化的流质食物，数天后逐步恢复正常饮食。

（2）清理胃内容物　病初当胃内尚残留有害物质时，可使用催吐剂。如皮下注射盐酸阿扑吗啡3～5毫克，或口服吐根末0.5～3克，或吐酒石0.05～0.3克。后期有害物质进入肠道时，则应使用泻剂。如灌服蓖麻油10～20毫升。

（3）镇静止吐　当病犬呕吐严重有脱水危险时，应予镇静止吐。可肌肉注射盐酸氯丙嗪每次1.1～6.6毫克/千克体重，或用硫酸阿托品0.3～1毫克/次，肌肉或皮下注射，每日2～3次。

（4）健胃止痛　健胃可用稀盐酸2毫升，含糖胃蛋白酶3克，水200毫升，分2日内服。为了制酸和镇痛可用合成硅酸铝3～5克、颠茄浸膏0.04～0.05克、淀粉酶0.6克、炼乳1毫升，分3份，每日3次内服或混于食物中喂予。

（5）及时补液　当呕吐剧烈时，应及时补液。如5%葡萄糖溶液、复方氯化钠液静脉注射，加入维生素 B_1、维生素 C，常可获得良好效果。

感冒

【病因】

主要原因是受寒冷的侵袭，尤其当饲养管理不当时，更易发生。例如寒夜露宿，久卧凉地，贼风侵袭，大出汗后遭受雨淋或涉水渡河时受冷水的刺激，长期饲养在阴冷潮湿环境中等，均可使上呼吸道黏膜抵抗力降低，从而促使本病发生。

【诊断要点】

病犬精神沉郁，表情淡漠，皮温不整、耳尖、鼻端发凉，结膜潮红或有轻度肿胀，流泪，体温升高，往往伴有咳嗽，流水样鼻涕，病犬鼻黏膜发痒，常以前爪搔鼻。严重时畏寒怕光，口舌干燥，呼吸加快，脉搏增数。通常根据病犬咳嗽、流鼻涕、体温升高、皮温不整、畏光流泪等症状，结合受寒病史，不难确诊。

【防治措施】

①早期肌肉注射30%安乃近、安痛定液或百尔定液，每天1次，每次2毫升。也可内服扑热息痛，用量为0.1~1克/次。

②改善饲养管理条件。注意保暖，防止贼风侵袭，气温骤变时，加强防寒措施，注意日常的耐寒锻炼，以增强犬的抵抗力。

鼻炎

【病因】

①寒冷刺激，鼻腔黏膜在寒冷的刺激下，充血、渗出，于是鼻腔内的常在菌趁机发育繁殖引起黏膜发炎。

②吸入氨、氯气，烟熏以及尘埃、花粉、昆虫等直接刺激鼻腔

黏膜，均可引起发炎。

③继发于某些传染病或邻近器官炎症的蔓延。

【诊断要点】

（1）急性鼻炎　病初鼻腔黏膜潮红、肿胀，频发打喷嚏，病犬常摇头或用前爪搔抓鼻子，随之由一侧或两侧鼻孔流出鼻涕，初为透明的浆液性，后变为浆液黏液或脓性黏液，干燥后于鼻孔周围形成干痂。病情严重时，鼻黏膜明显肿胀，使鼻腔变狭窄，影响呼吸，常可听到鼻塞音。伴发结膜炎时，畏光流泪。伴发咽喉炎时，病犬呈现吞咽困难，咳嗽，下颌淋巴结肿大。

（2）慢性鼻炎　病情发展缓慢，鼻涕时多时少，多为脓性黏液。炎症若波及鼻旁窦时，常可引起骨质坏死和组织崩解，因而鼻涕内可能混有血丝，并有腐败臭味。慢性鼻炎常可成为窒息或脑病的原因，应予以重视。根据鼻腔的症状，如鼻腔黏膜的潮红、肿胀，流鼻汁，打喷嚏及抓挠鼻子等即可确诊。

【防治措施】

对鼻炎的治疗，首先应除去病因，将病犬置于温暖的环境下，停止对犬的训练，适当休息。一般来说，急性轻症病犬，常不需用药即可痊愈。对重症鼻炎，可选用以下药物给病犬冲洗鼻腔：1%食盐水、2%~3%硼酸液、1%碳酸氢钠溶液、0.1%高锰酸钾液等，但冲洗鼻腔时，必须让病犬将头低下，冲洗后，鼻内滴入消炎剂。为了促使血管收缩及降低敏感性，可用0.1%肾上腺素滴鼻，也可用滴鼻净滴鼻。

肺炎

【病因】

①由于感冒、空气污浊、通风不良、过劳、维生素缺乏，使呼吸道和全身抵抗力降低，原来以非致病性状态寄生于呼吸道内或体外的微生物（葡萄球菌、链球菌、大肠杆菌、克雷白杆菌及霉菌等），趁机发育繁殖，增强毒力，引起动物感染发病。

②吸入刺激性气体、煤烟及误咽异物入肺等。

③继发于某些疾病，如支气管炎、流行性感冒、犬瘟热；或有寄生虫，如肺吸虫、弓形虫、蛔虫幼虫等。

【诊断要点】

病犬全身症状明显，精神沉郁，食欲减退或废绝，结膜潮红或蓝紫，脉搏增数，呼吸浅表且快，甚至呈现呼吸困难。病犬体温升高，但时高时低，呈弛张热型。病犬流鼻涕、咳嗽。胸部听诊，可听到捻发音，胸部叩诊有小片浊音区（通常在肺前下三角区内）。通常根据病史和临床症状，诊断并不困难。

【防治措施】

（1）消除炎症　消炎常用抗生素，如青霉素、链霉素、四环素、土霉素、红霉素、卡那霉素及庆大霉素等，若与磺胺类药物并用，可提高疗效。

（2）祛痰止咳　病犬频发咳嗽，分泌物黏稠、咳出困难时，可选用溶解性祛痰剂，如氯化铵 0.2 ~ 1 克/次。以 10% ~ 20% 痰易净（易咳净）溶液进行咽喉部及上呼吸道喷雾，一般用量为 2 ~ 5 毫升/次，1 日 2 ~ 3 次。溴苄环己铵（必消痰），其用量为 6 ~ 15 毫克/次，1 日 3 次，一般病例可用药 4 ~ 6 日，重病和慢性病例应持续用药。此外，也可应用远志酊（10 ~ 15 毫升/次）、远志流浸膏（2 ~ 5 毫

升/次)、桔梗酊 (10~15毫升/次)、桔梗流授膏 (5~15毫升/次) 等。

(3) 制止渗出和促进炎性渗出物吸收 可静脉注射10%葡萄糖酸钙,或以10%安钠咖2~3毫升、10%水杨酸钠10~20毫升、40%乌洛托品3~5毫升,混合后静脉注射。

(4) 对症治疗 主要是强心和缓解呼吸困难。为了防止自体中毒,可应用5%碳酸氢钠注射液等。

(5) 提高机体抗御力 加强日常的锻炼,提高机体的抗病能力,避免机械因素和化学因素的刺激,保护呼吸道的自然防御机能,及时治疗原发病。

心肌炎

【病因】

单独发生的较少,大多继发于某些传染病、寄生虫病、中毒病、风湿症及贫血等。

【诊断要点】

急性心肌炎多以心肌兴奋症状开始,表现为脉搏疾速而充实,心悸亢进,心音增强。病犬稍微运动之后心跳会迅速增数,即使运动停止,仍可持续较长时间。当心肌出现营养不良和变性时,则主要表现为心力衰竭的症状,常可听到第二心音显著减弱,多伴发缩期杂音,往往出现明显的期前收缩、心律不齐。当心脏的代偿适应能力丧失时,病犬的黏膜发绀,呼吸高度困难,体表静脉怒张,四肢末端、胸腹下水肿。如做心电图检查,可见到有明显的变化。

通常根据原发病史,结合心肌兴奋性增高的症状和心机能试验可帮助诊断,即先在安静状态下测定病犬脉搏数,随后在步行5分钟后再测定其脉搏数。患心肌炎时,停止运动2~3分钟后,脉搏数仍不能恢复正常。若能做心电图检查，则有助于本病的诊断。

【防治措施】

（1）加强护理　病犬要安静休息，停止训练和作业，避免过度兴奋和运动，限制饮水量。

（2）促进心肌代谢　可用三磷酸腺苷 15~20 毫克、辅酶 A 35~50 单位或肌苷 25~50 毫克，肌肉注射，每天 1~2 次。或加用细胞色素 C 15~30 毫克，加入 10% 葡萄糖溶液 200 毫升中，静脉注射。

（3）对症治疗　高度呼吸困难时，可进行氧气吸入，对尿少而水肿明显的犬，可应用利尿剂。

第四节　常见外科病 〉〉〉

创伤

【病因】

有刺创、切创、砍创、撕创和咬创等。

【诊断要点】

创伤的主要症状为出血、疼痛、撕裂。严重的创伤可引起机能障碍，如四肢的创伤可引起跛行等。

【治疗】

（1）新鲜创伤　在剪毛、消毒、清洗创伤附近的污物、泥土后，

根据受伤程度，采取相应措施。如小创伤可直接涂擦碘酒、5%龙胆紫液等。创伤面积较大，出血严重及组织受损较重时，首先以压迫法或钳压法或结扎法止血，并修整创缘，切除挫伤的坏死组织，清除创内异物，然后进行必要的缝合等。

（2）陈旧创或感染创　应以3%~5%过氧化氢溶液洗涤，创口周围3~4厘米处剪毛或剃毛。对皮肤消毒后，涂以5%碘酒，然后根据创伤性质及解剖部位进行创伤部分或全部切除。如创缘缝合时，必须留有渗出物排泄口，并用纱布引流，也可使用防腐绷带或进行开放治疗。治疗中应根据病犬精神状态，进行全身治疗。

脓肿

【病因】

本病主要继发于各种局部性损伤，如刺创、咬创、蜂窝织炎以及各种外伤，感染了各种化脓苗后形成脓肿，也可见于某些有刺激性的药物（如10%氯化钙、10%氯化钠等）在注射时误漏于皮下而形成无菌性的皮下脓肿。

【诊断要点】

各个部位的任何组织和器官都可发生，其临床表现基本相似。初期，局部肿胀，温度增高，触摸时有痛感，稍硬固，以后逐渐增大变软，有波动感。脓肿成熟时，皮肤变薄，局部被毛脱落，有少量渗出液，不久脓肿破溃，流出黄白色黏稠的脓汁。在脓肿形成时，有的可引起体温升高等全身症状，待脓肿破溃后，体温很快恢复正常。

脓肿如处理及时，很快恢复。如处理不及时或不适当，有时能形成经久不愈的瘘管，有的病例甚至引起脓毒败血症而死亡。发生在深层肌肉、肌间及内脏的深在性脓肿，因部位深，波动不明显，但其表层组织常有水肿现象，局部有压痛，全身症状明显并有相应器官的功能障碍。

根据临床症状诊断并不困难，必要时可进行穿刺，如抽吸到脓汁，即可确诊。

【治疗】

①对初期硬固性肿胀，可涂敷复方醋酸铅散、鱼石脂软膏等，或以 0.5%盐酸普鲁卡因 20~30 毫升，青霉素钾（钠）40 万~80 万单位进行病灶周围封闭，以促进炎症消退。

②脓肿出现波动时，应及时切开排脓，冲洗脓肿腔，用纱布引流或采取开放疗法，必要时配合抗生素等全身疗法。

骨折

【病因】

各种直接或间接的暴力都可引起骨折，如摔倒、奔跑、跳跃时扭闪，重物轧压，肌肉牵引、突然强烈收缩等。此外，患佝偻病、骨软症的幼犬，即使外力作用不大，也常会发生四肢长骨骨折。

【诊断要点】

骨折的特有症状是变形，骨折两端移位（如成角移位、纵轴移位、侧方移位、旋转移位等），患肢呈短缩、弯曲、延长等异常姿态。其次是异常活动，如让患肢负重或被动运动时，出现屈曲、旋转等异常活动（但肋骨、椎骨的骨折，异常活动不明显），在骨断端可听到骨摩擦音。

此外，尚可出现出血、肿胀、疼痛和功能障碍等症状。在开放性骨折时常伴有软组织的重大外伤、出血及骨碎片，此时，病犬全身症状明显，拒食，疼痛不安，有时体温升高。

根据外伤史和局部症状可以确诊，必要时进行 X 射线检查或

照相。

【治疗】

（1）紧急救护　应在发病地点进行，以防移动病犬时骨折断端移位或发生严重并发症。紧急救护包括两项内容：一是止血，在伤口上方用绷带、布条、绳子等结扎止血，患部涂擦碘酒，创内撒布碘仿磺胺粉；二是对骨折进行临时包扎、固定后，立即送兽医诊所治疗。

（2）整复　取横卧体位绑定，在局部麻醉条件下整复。四肢骨折部移位时，可由助手沿肢轴向远端牵引，使骨折部伸直，以便两断端正确复位。此时应注意肢轴是否正常，两肢是否同长。

（3）固定　对非开放性骨折的患部做一般性处理后，创面撒布碘仿磺胺粉，再以石膏绷带或小夹板固定。固定时，应填以棉花或棉垫，以防摩擦。固定后尽量减少运动，3~4周后可适当运动，一般经 40~60 天可拆除绷带和夹板。

（4）全身疗法　可内服接骨药（云南白药等），加喂动物生长素、钙片和鱼肝油等。对开放性骨折的犬，可应用抗生素及破伤风抗毒素，以防感染。